ブルーバックス

佐藤文隆先生の量子論
量子揺籃・量子もつれ・解釈問題

佐藤文隆 著

装幀／古屋郁美・尾崎雅弥
目次・章扉／熊葛弘みの（STUDIO BEAT）
本文デザイン・図版／さくら工芸社

はしがき

　量子力学は、大学の理工系に進むと必ず学ぶ基礎科目である。「LED」も「超弦理論」もみな量子力学が基礎であり、その応用である。提唱以来90年以上経過した現在、現代社会の情報通信や高度医療機器を支える技術の基礎であり、いまさら"謎の"とか"理解を超える"とか"想像を絶する"などという形容詞が似合わないほど、コモディティ（日用品）化した存在になったともいえる。

　ところが量子力学を学習した多くの学生は初め、何か腑に落ちないモヤモヤしたものを感じ、それを先輩たちにぶつけると、ただ「先を勉強しろ」と諭され、確かに先にいくと痛みのない傷として忘却し、あれは大人になる通過儀礼のようなものだったかと納得する。本書はこの「モヤモヤ」の傷をいまだに抱え、感じている人を意識して執筆した。この「モヤモヤ」病は自分自身の物理学人生そのものでもあるので、本書の記述が自分の研究人生を反映したものになることをお許し願いたい。

　序章と第1章はこの課題での私自身の問題意識であり、序章では本書の第一の目的である「参加者」実在論という全体を貫く視点を提起する。第2章と第3章は理工的に量子力学の基礎を復習したものであり、第3章では邦書でこれまであまり解説がない量子力学実験のホットな話題を紹介する。ほとんどは、量子光学のテクノロジーの進歩で可能になった実験である。アインシュタインやボーアのよう

な巨匠たちに思考の深さでは及ばない我々凡人でも、手にした技術のおかげで彼らよりもはるかに高い境地にいるのである。近年の量子力学実験を推し進め、量子力学のさらなる発展、応用への道を拓くときがきたことを見る。これが本書の第二の目的である。

　本書の第三の目的は、量子力学につきまとう「モヤモヤ」をこの理論を改良・変造する単なる動機づけとするのではなく、物理学や科学の「メタ理論」を掘り下げるためのトリガーにすることである。物理学内にとどまらず社会の中での科学の位置づけに関わっているという論議である。この論議は第4章でこれまでの「量子力学論議」を俯瞰(ふかん)したうえで、理論的・論証的というよりは、第5章と終章において随筆風に記述した。

　量子力学は数理的理論であり数式を使った説明が不可欠であるが、できるだけ多くの人に私の問題意識を伝えたいと考えて、数式を用いた部分は本文から切り離して説明するよう努めた。

佐藤文隆先生の量子論● 目次

はしがき…3

序章　傍観者か参加者か？
…15

「傍観者」対「参加者」…16
観測で対象を乱す？…19
「対象そのもの」と「認識されるもの」…21
三層構造を繋ぐ向き…22
「五感人間」対「文化人間」…23
「第三の世界」の実在…26
結果から考える…28
「素朴実在論」対「対処論」…29
量子力学をめぐる混乱？…30

第1章　量子力学とアインシュタイン
…31

1-1　アインシュタインの揺さぶり…32
重力波検出とレーザー…32

アインシュタインの反対…33
　　　「バカげた作用」の実験的検証…35

1-2　普遍的世界を脅かす観測者の登場…36
　　　物理学の大河に直結…36
　　　思想としての科学に憧れて…37
　　　観測者の登場、客観世界への闖入者…38
　　　エントロピーから情報量へ…39
　　　時空存在の対称性…40
　　　量子力学での観測…41
　　　現実とその認識…42
　　　観測者登場の時代とヨーロッパ世紀末…43
　　　プランクによるマッハ批判…44

1-3　量子力学の展開…46
　　　量子力学の$\hbar$とΨ…46
　　　数理理論の構築へ——行列力学と波動力学…47
　　　物理的解釈の仕上げ
　　　　——コペンハーゲン解釈とボーア・アインシュタイン論争…48
　　　量子力学にノーベル賞…50
　　　EPRと「猫」…51
　　　時代の流れ…52
　　　離散的と構造の強固さ…53

1-4　量子力学の大躍進…54
　　　物理学の世紀…54
　　　量子力学からのハイテクの爆発…54
　　　「黙って、計算しろ！」…56
　　　アインシュタインの隠れた変数…57

ベルの不等式…57

EPR 論文復活と量子力学実験の進展…58

開拓分野から成熟分野へ…62

第2章 状態ベクトルと観測による収縮
…65

2-1 量子力学の三要素、対象とモデル…66

一般理論と理論モデル…66

量子力学の三要素…68

量子力学＝シュレーディンガー方程式？…69

2-2 波動関数と状態ベクトル…70

「粒子・波動」二重性…70

「粒子・波動」の波動と「波動関数」の波動の差…71

二重スリット実験と干渉効果…72

空間ベクトル復習…72

状態ベクトル…74

状態ベクトルと観測…76

「観測」とは「区画判定」…78

物理量とその平均値…78

確率という物理量…79

2-3 状態ベクトルの変化…80

ユニタリー変換とシュレーディンガー方程式…80

観測・測定での状態ベクトルの収縮・射影…83
統計的混合集団との差——干渉と変数依存性…84
測定とは頻度分布を知ること…84
制御と測定…85

2-4 2量子状態——ビットと q ビット…86
2量子状態…86
シュテルン・ゲルラハ効果…90

2-5 エンタングル状態…92
複数の粒子系…92
ビット、q ビット…92
ミクロ物理量とマクロ物理量の相関…94
遠隔量子相関エンタングル…95
量子系とマクロ系のエンタングル…96
ミクロ二体系でのパラ、オルソ…97

2-6 光子の偏光状態…98
光子の「二状態」——電磁場の方向…98
偏光板…99
行列表示…100

2-7 スピンを斜めに測る…100
スピンの空間方向…100
斜めに測る…101
確率的に測定…102

第3章 量子力学実験
——干渉とエンタングル
…105

3-1 干渉実験
——二重スリットとマッハ・ツェンダー干渉計…106
二重スリット実験での波動と粒子…106
ビームスプリッターとマッハ・ツェンダー干渉計…109
遅れた選択実験…112
集積データに見られる秩序…113

3-2 「どちらを通ったか」をチェック
——KYKS実験…114
干渉用光子と監視用光子のエンタングル…114
検出器の配置ではなくデータ解析の仕方…116
SPDCによるエンタングル2光子とKYKS実験…118
何が不思議か？…122

3-3 HOM実験…123
SPDC（自然放出パラメトリック下方変換）…123
HOM実験…124
量子消しゴム…127
「起こる」「起こらない」か、データ解析か…128

3-4 ZWM実験…130
「心を揺さぶる実験」…130

監視光子を遮蔽板で制御…131
　　連続的な透過度依存…132
　　「幾つもの事象の繋がりセットの重なり」…133
　　デバイスもエンタングルしている？…135

3-5　EPRエンタングルメント…136
　　離れた地点でスピンを斜めに測る…136
　　アインシュタインの隠れた変数…137
　　ベルの不等式…138
　　量子力学による S の計算…139
　　偏光相関の実験とベル不等式否定の結果…140

3-6　GHZ──スピン三体エンタングルメント…141
　　3粒子まとめた測定から個別を推定…141
　　「予め決まっている」は矛盾…142
　　"一発で決着"の実験…143
　　「人間」⇔「装置」⇔「自然」…144

第4章　物理的実在と「解釈問題」
…145

4-1　EPR論文のいう実在…146
　　EPR論文の書き出し…146
　　「完全な理論」と確率1…147

4-2 素朴実在論の踏み絵…149
「自然から人間に達する」…149
物理か情報か…150
「文化遺産」の上の自然現象…151

4-3 量子力学の解釈問題…153
「支障がない」…153
我々はアインシュタインの先にいる…154
アインシュタインの危機感…155

4-4 量子力学の理論的部品…156
状態ベクトルをめぐる解釈…156
「h のない」量子力学…157
数学による認識…157

4-5 「状態ベクトル」の見方で分類する…159
「対象に固有」と「参加者主導」…159
「存在論的」な「対象に固有」…160
「認識論的」な「対象に固有」…162
「知識に関する」「参加者主導」——「コペンハーゲン」…163
「信念に関する」「参加者主導」——QBism…164

4-6 思想問題と情報テクノロジー…165
コペンハーゲン解釈…165
思想激動の時代——多様性…165
「立て役者」たちの育った知的環境…166
テクノロジー・インフラ普及と「参加者」の進化…167

4-7 「整合歴史」と「デコヒーレンス」…168
「得る」と「使う」をつなぐ時間…168
認識過程の物理過程への取り込み…169
デコヒーレンス…170
単一選択…171
情報は物理である…171

第5章 ジョン・ホイラーと量子力学 …173

5-1 ジョン・ホイラー追悼文…174
ブラックホールの名付け親…174
ファインマンの指導教官…175
一般相対論へ…176
湯川秀樹とホイラー…178

5-2 物理学の核心を追って…179
粒子・時空・情報…179
多世界解釈…181
It from bit…182
「傍観者―参加者」絵に出会う…183
EPRとERの融合？…186
ホイラー回顧…187

終章 量子力学に学ぶ …189

「思い込み」の自覚…190
「昔の学部生」…190
「アインシュタイン生誕100年」…191
アインシュタインの四つの顔…192
ハイテクの父…194
日立シンポジューム…195
いつの間にか「宇宙」から「量子」へ…196
「理論物理」の輝きとは…197
「量子力学解釈論議」に再会して…198
「運動」と「計算」…199
「あなたの未練に過ぎない!」…200
量子力学は人間の特殊性を炙り出している…201
科学のメタ理論…202
科学と知識…203
「科学とは?」…205
"けなげな"開拓者…207
再び科学の見つめ直しを…208

あとがき…210

さくいん…212

序章

傍観者か参加者か?

「傍観者」対「参加者」

　この本は、量子力学に関連して、ジョン・ホイラー（図0-1）という理論物理学者が描いたマンガ絵（図0-2）に込められた意味を深読みすることであるといってよい。

　この絵には次のようなキャプションがついている。

'Quantum mechanics evidences that there is no such thing as mere "observer (or register) of reality." The observing equipment, the registering device, "participates in the defining of reality." In this sense the universe does not sit "out there."'

図0-1　1949年頃、米国プリンストン高等研究所にて散歩するアインシュタイン、湯川秀樹、ホイラー、バーバ（左から順に）。

序章　傍観者か参加者か？

「量子力学は『実在の単なる観測者（傍観者）』などでないことを示している。観測装置が『実在の定義に介在』するのだ。この意味で宇宙がボソッとそこに座っているのではない」

　絵に戻ると、左に observer、右に participator が描かれていて、各々が自然と繋がる関係の仕方の違いが対比されている。オブザーバー（observer）は一般に広く使われている用語だが、対比されるパティシペーター（participator）は馴染みのない用語である。そこで先入観に囚われないように、ここでは、participator には「参加者」、observer

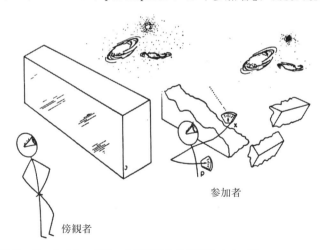

図０－２　ホイラーが描いた傍観者と参加者のイメージ
(出典：J.A.Wheeler "Beyond the Black Hole", In Some Strangeness in the Proportion, A Centennial Symposium to Celebrate the Achievements of Albert Einstein, ed. by H. Woolf, ADDISON-WESLEY. 1980.)

には「傍観者」という、両者の違いを際立たせる訳語を使うことにする。例えば、participatory democracy という英語は「直接民主主義」とか「参加民主主義」と訳されている。

左の傍観者は銀河などの宇宙という対象を厚いガラス越しに、ガラスに映る情報を眺めて情報を得ている。厚いガラスは、眺める対象に傍観者が一切手を出さないことを表している。これに対して右の参加者は厚いガラスを破壊して取り払い、測定器を自分の手に持って、対象の情報を得るために手を出している。左手の計器にはx、右手の計器にはpとあるのは、各々位置座標xと運動量pのことだろう。何を測るかは参加者の自由な選択にまかせている様子を表現している。

キャプション抜きでも、大体こういうことが分かるが、次にキャプションを読み解いていく。「量子力学は『実在の単なる観測者（傍観者）』などでないことを示している」の「示している」は evidences の訳だが、明らかに最近よくいわれる「実証に根拠を置く（evidence-based）」、すなわち実験結果に根拠を置くという意味である。

諸々の実験結果に支えられた量子力学によると、「傍観者に実在が分かるなどということはない」のだという。「観測装置の介在などとは一切無関係に、宇宙がそこに座っているかのように存在しているのではない」、という。

それでは実在はどう捉えられるのかという問いかけには、「観測装置が『実在の定義に介在』するのだ」と答えている。ここが一番大事で微妙な点である。藪から棒に「定

義に介在する」といわれても戸惑ってしまう。実在というものは、人間が居ようと居まいとあるもので、それを捉える手法を知りたいと思って問いかけたのに、直球の答えが返ってこない。参加者が実験装置で定義するとは、あたかも人間が実在をつくりだしているかのように響く。続く、「宇宙がボソッとそこに座っているのではない」とはまさに、そのことを宣言している。

客観的であるべき自然科学の内容を、人間の側で決めているというのでは文系学問と大差がなくなり、疑念が次々と膨らむであろう。それがこの本の問いかけの一本の筋書きである。

観測で対象を乱す?

ここで量子力学を少しでも勉強したことがある人には、かつて量子力学の解釈をめぐってアインシュタインとボーアのあいだで大論争があったエピソードを耳にしているかもしれない。その一方で、ハイテク開発から素粒子の探求まで、量子力学が大活躍してきた現実も同時に見てきている。そういう読者は、この絵を次のように解説するかもしれない。「量子力学は原子や電子といったミクロの対象を扱うので、それをマクロな装置で測定しようとすると必然的に対象そのものを乱してしまう。測定値に必ず不確定性が伴うというハイゼンベルグの不確定性原理は、人が介在すれば対象を制御できずに乱す必然性を明らかにしている。プランクの作用量子は、この擾乱（乱すこと）の大きさを表しているのだ。だから、左の傍観者のように擾乱

なしに実在は捉えることができず、右側の参加者のように対象に影響を与えるかたちで測定は可能になるのだ。そういう量子力学の特徴をこの絵は描いているのだ」と。

　量子力学を縦横に使って研究や開発に携わっている理工系の専門家によるこうした解説は広く普及している風説である。実際、測定にはテクノロジーの進歩に制限された現実的な限界があり、実在への肉薄に原理的限界があるのかどうかといったことは長らく目の前の課題ではなかった。だから、このように割り切ってしまえば、日々の仕事に支障はなかった。

　しかしこの風説はこの絵の浅読みであって、深読みからは程遠いものである。一番大きな違いは、観測や測定という行為と全く無関係に、発見されるべき内容をちゃんと予め持って、実在はじっと隠れているというイメージを、この風説では大前提にしていることである。実在とは人間と無関係に予め存在しており、人間はそれを単に探しに赴く、というのが自然科学のイメージである。少しイメージの悪い言い方をすれば、予め落ちているものを「拾いに行く」というものである。もう少し良いイメージでいえば、「宝物探し」のイメージである。自然の真理という宝物の探検隊であり、宝物を傷つけずに手中に収めるのが自然科学の目的であるというのだ。

　いま不確定性原理を、マクロな測定装置で探す際の原理的な限界であると解釈したとする。測定による擾乱が全くなく、決まった内容もキチンとあるのに、測定値にばらつきがでるのはなぜか？　この問いには、例えばこんな答え

方がある。「未知の何物かとの作用に由来する物理量の揺らぎがあるとして、それが速すぎてマクロの測定装置ではフォローできず、同じものでも測定値に幅がでるのだ」と。この場合でも、各時刻に確定した物理量はキチンとあるはずだとする。これが「発見されるべき内容を予め持ってじっと隠れているイメージ」である。あるいは次のような解釈もある。「同じ電子と呼ぶモノでも個々には値にばらつきがあるため、測定値にばらつきがでる」のだと。ただしこの場合でも、「ある時刻のこの電子は決まった値を持つ」と考えられる。見つかった宝物は見つかる前からその姿の宝物であるはずだとされる。

「対象そのもの」と「認識されるもの」

このように確定した「対象そのもの」を前提にしてしまうと、量子力学で登場する不確定性原理や測定値のばらつき（揺らぎ）は、「対象そのもの」と観測で「認識されるもの」との二重構造で解釈せざるを得なくなる。ところがキャプションの言い方は「認識されるもの」が全てであり、「対象そのもの」について語ることは意味がないといっているのである。認識が対象を「定義する」のだから、二重構造ではなく「認識されるもの」の一重構造だというのである。

発見されるべき内容を秘めて自然が予め存在し、人間は観測装置をあれこれ開発してそれを取り出している。こういう素朴実在論は自然科学のイメージとして広く流布している。それからするとこの絵は、従来の自然科学の考え方

からすると何か根本的に違った構図を描いているように思われる。こうした自然と人間の関係について、量子力学は素朴実在論からの転換を迫っているのであろうか。それは「無人物理」か「有人物理」か、という問いかけともいえ、そこから自然、科学、人間の位置関係にまで影響は及んでいくのである。

三層構造を繋ぐ向き

いま図0−3のような「自然」−「装置」−「人間」という三層構造で、図0−2の意味を整理してみる。自然の実在を装置が映し出し、人間がそれを認知する、という状況は、実在の発信情報を、実験装置を補助として、人間が受け取るという構図を描くと、図0−3（a）のように矢印は実在から人間の方に向くことになる。図0−2の「傍観

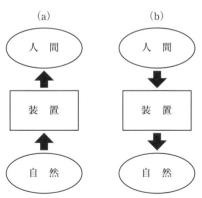

図0−3　自然と人間の関係　自然から人間に達するのか？　人間が自然にとりに行くのか？

者的」な構図と同じである。

　次に三層を繋ぐ矢印を図０−３（ｂ）のように反対にすると、「人間が認識の企てを実現する意図を持って装置をつくり、その探求装置をもって実在に接触する」という構図になる。これはまさに図０−２の「参加者」を表し、実在を人間の方が定義するというニュアンスに近くなる。

　ここで人間の意味が重要になる。実験装置を使って探求に必要な情報を求めているのは人間だが、探求している対象に直接に物理作用で接触するのは装置である。そして、物理的法則性が主導するのは、物理作用の結果として人間に利用できるデータとして記録されるまでである。そのデータを人間がどう分析し、そこからどう新発見を導くか、あるいは対象をどう制御するか、こうした課題は明らかに外的な物質界だけの法則性の話ではないのである。

　その一方、探求対象と実験装置の物理作用、その作用をマクロの記録に残す装置の仕組み、そこまでを物理学の範囲として、あえて人間を持ちだす必要があるのか、という疑問が生ずる。あまり人間を強調すると、実験装置が対象に擾乱を与えるかもしれないというミクロ世界での新しい可能性と同じように、念力のような人間の精神力が対象に作用するような妄想をも生みだしかねないからである。

「五感人間」対「文化人間」

　ミクロ世界の探求には、人間の精神力を構成する五感による接触だけでは不十分であり、どうしても図０−３のように、間に実験装置を介在させなければならない。すると

今度は、五感が装置に入れ替わったのだから人間は外してもいいのではないかという発想があろう。五感で認知できるマクロな現象でも、実験装置を使って五感ではできない定量性、正確さ、迅速さ、巨大さを増したデータを得ることができる。ガリレオ以来、こうした実験装置を考案して現象を数字のデータにして、方程式で法則性を表現する物理学が発展した。しかしそこでの装置は、すでにある五感的実体をよりクッキリと描く補助手段であり、装置が現象を定義するといった出過ぎたイメージは全くない。装置はあくまで黒子でしかない。

ところが図0-3（b）の参加者イメージでは、装置を持った人間が主役である。ここで人間といっているのは「五感プラス脳での情報処理装置を備えた人間」であり、原始人同様の生理・脳機能つきの生身の身体ではない。そうではなく、原始人時代から営々として積み上げてきた製造技術や自然についての知識・学問、そういう社会的に受け継がれたものを駆使する文化的な人間である。そして一番大事なポイントは、実験装置とはまさに「人間の意図と文明の産物だ」という視点である。装置は雨粒のような自然物ではなく、人間の生活の歴史を凝縮した文明が詰まった産物なのである。意図と能力（技術）に基づく作為の創造作品なのであり、人間身体と自然のミクロな対象を物理的に繋ぐ補助装置という機能にだけ注目した存在ではない。また人間身体についても、原始人の身体から歴史・技術・文化で中身が大きく膨らんだ文化人間というようなものを想定して考えてみる方がよい。

序章　傍観者か参加者か？

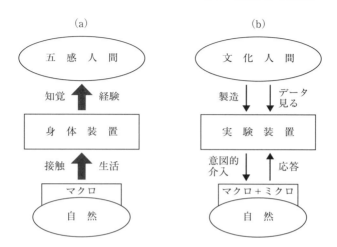

図0-4　五感人間と文化人間　自然の中の生活で五感人間はマクロ自然を認識するが、文化人間はミクロ自然を実験装置を通して認識する。

　ここで、**図0-4**のように自然、装置、文化人間の三層を考えたとき、我々はとかく左の図（a）のような矢印をイメージしがちである。それに対して、ここでの新たな見方は、右の図（b）のように、矢印を逆にしたものである。文化人間の意図と能力が積極的に装置を創造して、自然の対象に問いかける構図である。自然は装置の機能を含めた問いかけに応じた情報を返し、装置はそれを記録し、そのデータを参考にさらなる行動をするのである。

　この問いかけへの応答に対して、次の行動を決定する主体は道具を使う身体的人間であるが、装置も身体的能力の延長線上にあるもので、試行錯誤のサイクルを経て、情報

25

の質と量をより高める工夫が組み込まれている。それが文化人間の認識を飛躍的に増加させた。とくにミクロ世界と繋がるには文明の詰まった装置が不可欠である。ここに至って装置の意味が、補助から主役に、変わったといわざるを得ないのである。

　装置の介在は単に情報の質的な向上でなく、実在自体を定義する役目にとってかわったのである。そして装置に詰まった文明を反映した自然の実在が、そこに描かれるのである。それが五感装置で描き慣れてきた実在のあり方と一緒か違うのか、それは自然に問いかける実証的な探求によって明らかにされることであって、予断を持ってはいけないのである。

「第三の世界」の実在

　こうして、新たな知識や装置を増やしている文化人間が、次々と新たな自然の実在を定義してきたのである。そうはいっても、自然は人間がいなくても存在するという意味で、人間とは独立な実在である。しかし、その描かれ方はあくまでも文化人間によるものである。その意味ではこの文化資産自体が自然と同程度に実在なのである。単純化すると**図０−５**のように、二つの世界の実在だけでなく、文化資産という第三の世界の実在を考えた方がいいのである。ここには第一に言語があり、科学だけでなくほかには宗教や芸能などあらゆる文化資産が入る。こうした三つの世界という見方は、量子力学を含む科学のメタ理論を考える本書の一つの底流である。

序章　傍観者か参加者か？

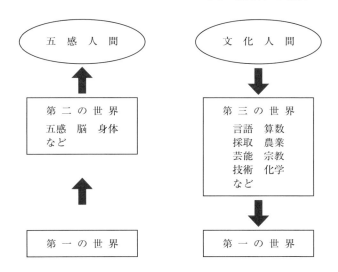

図0−5　文化人間は「第三の世界」を持っており、(ミクロ＋マクロ)の自然はこの「第三の世界」を挟んで認識されているともいえる。

　五感人間というよりは文化人間の介在が自然探索には不可避的であると聞くと、従来の科学万能主義にノスタルジーを持つ人は、そんな人間くさい科学ではなく、超人間的な宇宙の真理に近づきたいと叫ぶかもしれない。しかし、その思いも叫びも人間のものなのであり、「人間限定」に不満を感じて超人間的真理を夢見るのも人間の文化なのだから、どちらにしても、極めて人間くさい話であることも悟るべきである。

結果から考える

 ではそういう諸々の人間くさい文化の営みの中で、「科学は何をすることか」を浮き彫りにするのはもちろん大切なことである。ただし、「科学とはこういうものだ」と決めて歴史が築かれてきたわけではない。逆に、トランジスタやレーザーによって情報処理の能力が革新され、通信や医療の世界のイノヴェーションが進行する現実から逆に考えてみよう。すると、この進展がミクロの物質世界を制御するテクノロジーによって生み出されたことと、生命や素粒子や宇宙の構成・起源の新たな世界像もこのテクノロジーによってもたらされた歴史を知るのである。「基礎」の後に「応用」が広がるという構図ではないのである。

 この社会の隅々に拡がるテクノロジーが、量子力学の巨大な達成点なのである。量子力学は黒体放射に対するプランクの作用量子仮説からすでに115年以上、ハイゼンベルグとシュレーディンガーの量子力学理論の提出以来90年、そしてトランジスタやレーザーの発明以来半世紀、シリコン微細加工技術から40年、……。本書は量子力学のこの方面での活躍を描く目的ではないので省略するが、この進展が力強いものであったことは納得されるであろう。

 量子力学はすでにひと仕事もふた仕事もやり尽くしたように見えるが、本書では量子力学にはもうひと仕事やることがあると提起したいのである。それは物理学や科学は何をやることか、というメタ理論、学問論についても大きな示唆を与えていると考えるからである。

序章　傍観者か参加者か？

「素朴実在論」対「対処論」

　自然科学のメタ理論に焦点を当ててみると、人の世の不条理への反発として、人の世の外の物の理に真理の根拠を求める心情がある。素朴実在論はその最も直截的な表明である。ところが量子力学においては、観測という自然への人の働きかけが理論の核心に位置している。すなわち、観測者不在では存在しないような理論構成なのである。人がいなくても自存する物の理であるという見方を揺るがすものである。

　この素朴実在論の流動化が引き起こす影響の広がりは量子力学や物理学に止まらず、ひろく自然科学、ひいては学問全体の社会的イメージに及ぶであろう。単純化すると、研究の求める真理は世間の外にあるのか、それとも反対に、世間の中にある真理を築くための対処法が自然に求められているのか、の何れであるかにより、「自然科学とは何をしているのか？」という社会の中での各分野の配置図は激変するかもしれない。

　素朴実在論の正反対に位置するものの適当な言葉はないが、ここではあえて「対処論」と呼んでおく。例えば、「経済学は対処論である」は比較的受け入れやすいかもしれない。多くの科学技術は現実に対処する知識としての科学であり、そのために基礎があるというのは、科学の根拠を人間の方に置いている。「地球の起源」研究はレアメタル鉱脈探索といった現実課題に一つの知識を提供する対処法と位置づけるか、地球それ自体の中に解明することの意味があるのか、である。多くの見解は、素朴実在論と対処論の

中間に位置している。

量子力学をめぐる混乱？

　量子力学に関してボーアとアインシュタインの意見が違っていた等の発表以来の歴史を知ると、「はしがき」に記した量子力学の学習時に感じた「モヤモヤ」は決して物理学の学習不足によるものでないことが分かる。「モヤモヤ」の震源地(そこ)は科学のあるべき姿とこの理論の間に齟齬を感じるからである。「あるべき姿」で大事な点は客観性であり、それを担保するのが実証と論理である。実験で確かめられた事実を基礎とし、数学のような曖昧さのない論理を用いれば、自ずから共通理解に到達する、これが自然科学の理想型である。ところが量子力学では今も「解釈問題」（第4章）が存在していて、容易に収束する様子はなく、「理想型」から程遠い状態である。アインシュタインをも惑わせた量子力学をめぐる起伏にみちた波乱の経過を次章でまず見ておこう。

第1章

量子力学
と
アインシュタイン

1-1 アインシュタインの揺さぶり

重力波検出とレーザー

この原稿を書き始めた 2016 年 2 月、重力波が初めて検出されたというニュースが世界を駆け巡った。発見した重力波検出器 LIGO はレーザー技術の巨大ハイテク装置である。実際に検出したのは前年の 9 月であり、アインシュタインの一般相対論提出(1915 年)から 100 年目の年だった。またレーザー技術はアインシュタインの光量子(1905 年)と誘導放出の考え(1917 年)に由来する。この発見はまさにアインシュタインの相対論と光量子論のコラボレーションの成果であった。

ブラックホールのような強い重力の天体の衝突合体で発生する重力波を検出する実験は、1960 年代にアルミ円柱の伸縮を電気信号に変えるピエゾ素子で測定する試みから始まったが、1980 年代からレーザー干渉計の方式に変わった。実験に興味を持つ人は LIGO の巨大な二本腕の装置はエーテル説を否定する実験の際に考案されたマイケルソン・モーレー干渉計と同型なのに気づくだろう(**図 1-1**)。あの時は直角方向での「光速度」の差を測ったが、今度は重力波に揺さぶられて起こる直角方向での「長さ」の差の検出である。原理は似ていても測定精度は、前者では 10^{-5}、後者では 10^{-21} と、雲泥の差であり、20 世紀後半でのハイテクの進歩を如実に示している。

第1章 量子力学とアインシュタイン

図1-1 巨大な光干渉計のLIGO（ワシントン州ハンフォード）
2015年9月、アインシュタインの理論的予言から100年を経て初めて重力波を検出した。米国のワシントン州とルイジアナ州に20年ほど前に2基建設され、改良されてきた。

このハイテクとはトランジスタ、レーザー、半導体加工、ナノテク、光通信、有機半導体……などを指すが、これらは1925年に登場した量子力学を駆使した技術である。この技術は情報通信や医療の革新で社会に結びつくので潤沢な研究開発資金が投入され、1980年代以後急速に発展し、重力波の検出もこの量子技術が可能にしたのである。

アインシュタインの反対

量子力学とは、実験によるX線、放射線や電子の発見で拓かれたミクロの世界の現象を説明するため、1900年のプランクの量子仮説をアインシュタインやボーアが発展させた前期量子論の段階を経て（図1-2）、1925～1926年にハイゼンベルグ、シュレーディンガー、ディラックらにより完成された理論である（図1-3）。そしてこの量子

1900年	プランク	黒体放射での量子仮説
1905年	アインシュタイン	光電効果、光子（フォトン）
1907年	アインシュタイン	比熱の量子論、音量子（フォノン）
1913年	ボーア	原子のエネルギー準位とスペクトル
1915年	ゾンマーフェルト	断熱不変量量子化、水素スペクトルの微細構造
1917年	アインシュタイン	放射確率A、B、誘導放出
1924年	ボーズ、アインシュタイン	ボーズ・アインシュタイン（BE）統計、BE凝縮
	ド・ブローイ	物質波
1925年	パウリ	排他原理
1926年	フェルミ、ディラック	フェルミ・ディラック統計
1928年	ゾンマーフェルト	金属電子論

図1-2 前期量子論の進展

力学はその後の物理学や化学の進展を通じて世界を変える程にパワフルな影響を持った。ところが、奇妙なことに、アインシュタインは死ぬまでこの量子力学を完成品とは認めなかった。拙著の『孤独になったアインシュタイン』（岩波書店）、『アインシュタインの反乱と量子コンピュータ』（京都大学学術出版会）というタイトルは、この事態を描いたものである。

生体分子から素粒子までのミクロの世界の解明で、量子力学が定着していく中にあっても、アインシュタインはその標準的見方に異議を唱えていた。しかも、彼は友人のシュテルンに「私は一般相対論についてより100倍も量子論について考えた」（アブラハム・パイス著 『神は老獪にして……——アインシュタインの人と学問』西島和彦監訳、産業図書）と語っていたという。量子力学に関心が薄かったの

1924年	**ボーア、クラマース、スレーター（BKS）アインシュタイン遷移確率の結合則考察**
1925年	**ハイゼンベルグ BKS結合則の力学、ボルン・ヨルダンの行列理論化**
	ディラック　非可換変数の交換関係
1926年	**シュレーディンガー　シュレーディンガー波動方程式でボーアのエネルギー準位導出**
	ボルン　Ψの確率解釈
	ボルン、ハイゼンベルグ、ヨルダン　行列力学
	ディラック　行列力学と波動力学の同等性
1927年	**フォン・ノイマン、ランダウ　密度行列導入**
	ボーア、ハイゼンベルグ　相補性、不確定性原理
1928年	**ハイゼンベルグ、パウリ　場の量子論**
	ディラック　相対論的電子場の理論
1930年	**ディラック　『量子力学』出版**
	ハイゼンベルグ　『量子力学の物理的基礎』出版
1932年	**フォン・ノイマン　『量子力学の数学的基礎』出版**
1933年	**ハイゼンベルグ（32年）、シュレーディンガー（33年）、ディラック（33年）　量子力学でノーベル賞**
1935年	**アインシュタイン、ポドルスキー、ローゼン　EPR論文**
	シュレーディンガー　シュレーディンガーの猫議論

図1－3　量子力学の成立

ではなく、熱心に反対していたのである。

「バカげた作用」の実験的検証

いささか藪から棒に序章で提起した「科学は何をしているのか？」という問いかけは、このアインシュタインの異議の核心にも関係する。しかしストーリーは「さすがアインシュタインには先見の明があった」にはなっていない。彼が1935年に「あり得ないバカげた（spooky）作用」と

一笑にふした奇妙な相関の現象、現在、「エンタングルメント」、「量子もつれ」と呼ばれている相関作用が実験で確証されたのである。1970年代末以降の量子技術の進歩の成果だ。「神はサイコロを振らない」といって量子力学に不満をもらしたことはよく知られているが、量子論に確率を持ち込んだのは彼自身であり（1917年）、完成途上の理論とみなせば確率は仕方ないが、「エンタングルメント」は絶対許せないものだった。

　ではこれでアインシュタインの異議申し立ては歴史の中に葬られていくのであろうか？　じつはこの「エンタングルメント確証」を受けて彼の「異議」は科学界全体に打ち込まれた不発弾に変わり、何かのきっかけで自爆するかもしれない巨大な問題を科学界に投じたのである。転んでもただでは起きない彼の揺さぶりは重力波だけではない。物理学、科学、……、学問全体を巻き込んでいるのである。この主題には科学者の社会的イメージと物理学の進展の二つの面が絡んでいる。

1－2　普遍的世界を脅かす観測者の登場

物理学の大河に直結

　私は1956年に大学に入学したが、当時の物理学科の学生は物理学の百年来の大問題に直結していた。日本の研究はまだ世界的でないために、現在のように諸々の成果を挙

げていると称する周囲の研究者の動向として物理学を捉えるのではなく、100年スケールでの物理学の大河を見て勉強していた。細々した前景がないと気も大きくなって、世界の巨人たちも解決できない大難問の存在がスッキリと見えていた。

　互いに競い合う身近な研究業界の情報は、自分の進路にも絡めて考えると強力なインパクトを持ち、それがあたかも"大河"のように錯覚してしまう。研究先進国の学生が落ち入りやすい陥穽であり、気の毒な光景である。それと対照的に、1950年代の物理学科の学生はマッハ、ボルツマン、プランク、アインシュタイン、ボーア、ハイゼンベルグといった巨人たちに直結している気分であった。ある意味で、実に贅沢な勉強の環境であった。

思想としての科学に憧れて

　本書の主題は量子力学の理工的インパクトを超えて、科学の社会的見え方や自らの生き甲斐や価値観にも話が及ぶ。一見、次元が異なるテーマをゴッチャにしているようだが、"マッハやボルツマンやプランクやアインシュタインやボーアやハイゼンベルグといった巨人たち"は、正にこうしたすべてのことを"ゴッチャにして"この「思想としての科学」を悩み抜いたのである。

　当時の学生にとって、これら巨人たちは自分から時空的に遠い存在だったので、勝手に想像を膨らませたのかもしれないが、"ゴッチャにして"悩む巨人たちの姿に私たちは偉大さを感じた。研究成果の大きさに感銘するとか、研

究成功のコツを学ぶとかではなく、人生の鑑(かがみ)にするという意味での偉大さである。そしてこの"ゴッチャさ"を体現した巨人たちが多くの若者に科学の魅力を発散していたのである。

とくに第二次大戦敗戦直後の日本では、社会の既成観念が一気に権威を失い、退廃した更地のなかで普遍性の高い科学は光り輝く存在であり、"ゴッチャさ"を体現した巨人たちは人生の鑑だった。大事なのは「思想としての科学」であり、個々の研究成果などはその発露に過ぎないかのように見えた。不正や欺瞞(ぎまん)に満ちた世間や古臭い因習や考え方から抜けだす手引きが、「思想としての科学」だったのである。埃(ほこり)まみれの世間の対極に科学があると思われたのは、人の世から独立した自然の法則が、絶対的真理を映す鏡であるとみなされるからである。特に人間の関与を排除した客観的真理を標榜(ひょうぼう)する物理学は、「思想としての科学」の内実を最も反映していると思われていた。

観測者の登場、客観世界への闖入者(ちんにゅうしゃ)

ところが「思想としての科学」を旗じるしに、人間、生物、地球、太陽系などの対象の特殊性を排除した究極の普遍性に魅せられて物理学の学習を進めていくと、三つの難問にはまり込むことになる。時代順に、

A．熱力学第二法則とエントロピー

B．相対論と物質

C．量子力学の観測問題

であり、三つに共通するのは「観測者」の登場である。こ

れでは絶対的真理と直結する糸が観測者という人間の恣意と不確実さで断ち切られる不安にかられ、学生たちを魅了していた物理学の普遍性に傷がついてしまう。とりわけ納得がいかないのは、研究が拡大する中で、観測者が「退場していく」なら分かるが、むしろ研究が進むとより一層「登場してくる」ことである。普遍性の看板に魅せられて物理学を究めていくほど、観測者依存の理論に導かれて不審の念が芽生えてくる。神のような絶対普遍の真理に向かうのではなく、自分自身にはね返ってくるような不安に駆られたのである。

法則性を数学で厳密に表現する物理学は、17世紀のニュートン力学を出発点とするが、それは徹底して人間を排除する無人物理であった。法則は人間を必要としていない。ところが19世紀初めから物理学の対象が熱学、光学、電磁気学、原子論などに拡大する中で、法則を数学で表現する際に「観測者」が登場する有人物理が始まったのである。

エントロピーから情報量へ

エントロピーは19世紀中葉に、「永久熱機関は可能か？」という、熱を仕事に変換するエンジンの効率を論じる概念として提案された。19世紀末、物体は無数の原子の集団であり、熱とは原子の運動エネルギーの合計だという認識に達し、熱力学も力学に還元できると思われた。しかしここで、時間可逆なニュートンの力学法則と時間不可逆にエントロピーが増大するという熱力学第二法則との矛盾が発

覚し、ボルツマンは呻吟した。

　エントロピー増大則は、分子運動を五感では捉えられない人間が、熱現象を記述する際の法則性である。「時間可逆」とは、映画を逆に回したときに見られる現象も現実に起こるということだが、熱は高温部から低温部にしか流れないように、熱が関係する現象は決して「時間可逆」ではない。だから、マクロな熱現象を無数の原子のミクロな「時間可逆」運動の寄せ集めに過ぎないと考えると、「寄せ集め」がなぜ「時間不可逆」に振る舞うかが謎となる。これがマクロの熱力学とミクロの力学を繋ぐ統計力学に登場した難問だ。

　一方、ミクロとマクロの区別は人間の五感的な感覚・認識に由来する区別に過ぎない。もし、人間などという特殊な存在に左右されない普遍性を追求するのが物理学なら、法則性の中に人間の特性が姿を見せてはならないはずである。そうでないと、絵画芸術の流儀のように、同一対象を描く手法が無数にあり、対象自身が指定する"純正の手法"などは存在しないことになり、「無人物理」への憧れに傷がつく。

時空存在の対称性

　1905年のアインシュタインの特殊相対論は、当時すでに技術にも組み込まれていた電磁気学の小骨一本変更させることなく、そこに隠れていた時間空間の枠組みを明らかにした。そこでは、観測者の相対運動の差によって、物体が縮んで見えたり、運動の経過時間に差があると双子でも

年齢が違ってくる「双子のパラドックス」が起こったりする。ともかく外界の現象の数値的表現は、観測者の運動状態に依存して相対的なものだという。これでは、数学を用いれば、社会的な伝統や立場に左右されずに万人に共通の表現になるという、物理学の手法の優位性が一見後退するように見える。

しかし、相対論に登場する「観測者」は現象を数字化するゲージ（物差し）、あるいは座標系、を擬人化した表現であって、熱力学や量子力学での「観測者」の登場とは異なる。相対論はミクロを含む世界でのより高次の普遍的法則性である対称性原理の発見であった。そして、本書では触れないが、次々と発見される新しい対称性とその破れの枠組みの中で、相転移やゲージ理論などの20世紀後半の物理学は生み出されたのである。相対論はそうした進展の嚆矢であったといえる。

その意味では、また「相対性」という文字が世間的に醸し出した雰囲気と違って、物理学の進展では、より高次な普遍性に達する動機になったものである。それは幾何学的法則性に数字を持ち込んで解析的に表現する際の多様性に対応した「相対性」なのである。相対論の達成とは対称性を持つ四次元時空の発見であり、それをエントロピーや量子力学での観測者の登場と並べて扱うのは誤りである。

量子力学での観測

序章で"傍観者―参加者"の対比を述べたが、量子力学では観測者が中心に座っている。相対論では観測者の運動

状態の違いで物理量の数字が違うが、量子力学では同じ対象でも観測ごとに別の結果がでるという。いずれも観測者ごとに世界が別に見えるというように聞こえるが、相対論での物理量の測定値の関係は一義的に決まっているもので、量子力学のように同一観測での物理量が統計的にゆらぐ測定値がでるのとは根本的に違う。

それでは熱力学・統計力学でミクロとマクロの区別に登場した観測者と量子力学の観測者の関係は如何なるものか？　この関係は微妙なもので、そう簡単に裁断できない。ここで浮上するのは、量子力学は観測者に依存しない物質の法則なのか？　それとも観測者の認識のための情報を扱う法則なのか？　ということであり、この問いかけが本書を貫く一つの伏線である。

現実とその認識

我々は漠然と、外界の現実が自分たちに忠実に認識されていると思っている。だから、特殊な存在である「観測者」などを間に介入させずに、現実をありのまま映しだす科学の知識に憧れるのである。そして、認識は鏡のように現実を映すものと考えると、逆に、頭の中にある認識の世界は全て外界にも存在するとなってしまう。しかし、これは言い過ぎで、頭の中に思い浮かぶことの大半は外界の現実とは違っている。認識と現実は直結しておらず、ずいぶん違うものであることにすぐに気づき、「思い浮かぶこと」の大半は何に原因があるのだろうと考える迷宮に入る。

そして、「認識に映ったのが現実だ」から「認識は幻想で、

対応した現実など存在しない」までの両極端の間で、様々な哲学が昔から論じられてきた。例えば、カントは、「時空は存在を認識するための枠組みだ」としたが、多くの人には、時空に存在することが現実の条件のように思われるだろう。マクロ物体―原子―素粒子―クォーク・レプトン―ストリング……という現代物理学が見出している階層の何れかに住まうものが現実だと。

ところが、熱エントロピーを含む熱力学の第二法則は、この時空的存在の枠外のものである。物理学は時空的な対象を数式に対応させていたが、その数理手法を情報エントロピーという情報学の概念にまで拡大したことになっている。このことと量子力学の関係も大きな問題である。

観測者登場の時代とヨーロッパ世紀末

以上で見たように、物理学での三つの「観測者」登場の中身は違うものの、当時の学問世界では、一緒になって社会思潮と連動した歴史を忘れてはならない。本書のテーマはそこまでウイングが広がるものだが、そこに全面的に踏み込むわけではない。

量子力学の歴史に戻ると、19世紀末から第一次大戦前後までの間、欧米の知識・文化界は百家争鳴のごとき活況を呈していた。量子力学の創成期に関わった科学者の多くはこうした高揚する思潮の時代に育った。

19世紀後半、長い伝統を持つ学問や技術の営みの中で、科学はまだ新参者であった。西洋社会で生き甲斐や価値観に長く影響力を持ったのは、キリスト教が説く世界像や倫

理であった。しかし、産業化が進む中で社会の世俗化が進行して知識世界も変貌すると、自然の普遍的真理に根ざすことを標榜する科学は、この世界にも影響を持つようになった。この場面では、既成権威と闘う新勢力の格好良さも手伝って、その基礎が磐石に見える科学の真理が若い人々を魅了していった。先に述べた、価値観や倫理、学問のあり方に関わるものも科学と"ゴッチャに"して考える「思想としての科学」の発祥はこの辺りにある。

　科学では物理学や化学の手法を用いた人間や生物の生理の研究が進展し、さらに認知や心理にも科学のメスが入った。その中で外的実体を人間が認知することの複雑さが明らかにされ、真理の根拠を外に求めるだけでなく、人間存在に求める哲学の潮流が勢いを増した。物理学での「観測者の登場」は、こうした潮流と連動して語られ、普遍的真理を人生の突っかい棒にしていた人々を慌てさせた。

プランクによるマッハ批判

「現象学も、ゲシュタルト心理学も、アインシュタインの相対性理論も、ウィーン学団の論理実証主義も、ヴィトゲンシュタインの後期思想も、ハンス・ケルゼンの実証法学も、どれもこれもマッハの思想のなんらかの影響下に生まれた。遺稿のうちに残されたニーチェの最後期の思想、いっさいの『背後世界』を否定する『遠近法的展望』もマッハの『現象』の世界とほとんど重なり合う。一方は物理学者、一方は古典文献学者くずれの在野の哲学者。まったく交流のなかった二人の思想家が、同じ時期に同じような世界像

を描いていた。これはけっして偶然の暗合ではない」（木田　元『マッハとニーチェ——世紀転換期思想史』新書館、講談社学術文庫で復刊）。

　拙著『アインシュタインの反乱と量子コンピュータ』（京都大学学術出版会）で精述したように、ニュートンの絶対慣性系が宇宙物質との相対的関係で決まるとするマッハの絶対慣性系批判がアインシュタインの一般相対論の芽になり、若きハイゼンベルグは「観測量という経験された事実のみを根拠にする」というマッハに感化されて量子力学に達した。その一方、科学の殿堂の守護者の地位についたプランクは、科学的真理に疑念を抱かせかねないマッハ思想が学生たちに蔓延している事態を憂慮してマッハ批判を公言した。

　こうした歴史は学問と価値観、文系と理系などを"ゴッチャにして悩む"時代があったことを示している。しかし、その後ヨーロッパを襲った世界大戦や東西冷戦の政治の激動、さらに原爆や気候変動などの科学技術の問題多発などで、「プランクのマッハ批判」のような科学と思想のデリケートな論議はいったん後景に退いた。しかし「プランクのマッハ批判」と連続する「アインシュタインの量子力学批判」は、長い中断を経て、「思想としての科学」と"ゴッチャにして"悩むことを、いつまでも我々に迫っているかのように思える。

1-3 量子力学の展開

量子力学のhとΨ

　量子力学は、今では理工系の大学では必須科目の一つであり、1+1=2という知識のように、ちゃんと定期試験で理解度が点検されて履修する普通の科目である。「僕もアインシュタイン同様に量子力学を信じない」などと力んだところで、不合格になるだけである。本書のテーマは「思想としての科学」だといったが、量子力学自体はそんな匂いは全く感じさせない。

　「量子」は、温度だけで決まる黒体放射を説明するためにプランクが作用次元の量に最小単位 h (6.6×10^{-34}Js) があるとして、1900年に導入したことに始まる。「作用」という次元は［エネルギー］×［時間］とか［運動量（質量×速度）］×［長さ］といったものである。アインシュタインやボーアがこの考えを原子や光の実験結果の説明に適用して発展させた。この第一段階（前期量子論）に続いて、1925年、1926年にはハイゼンベルグ、シュレーディンガー、ディラック、ボルンなどによって、現在の量子力学が完成する第二段階があった（図1-2、図1-3）。

　量子力学の展開は、第一段階は「hの登場」、第二段階は「シュレーディンガーの波動関数 Ψ（プサイ）の登場」である。次元を持つ h が時空に関連することは明確だが、Ψ は無次元の確率を計算するもので h と性格が異なる。本書で

いう「量子力学」とは主にこのΨを指しており、その視点から駆け足で誕生の歴史を見ておく。

数理理論の構築へ——行列力学と波動力学

　実験と理論が同時進行した前期量子論の活気で、"新理論"への飛躍が醸成された。原子による光の放射・吸収の説明として、ボーアは原子のエネルギー状態は**図1-4**のように飛び飛びの準位であることを明らかにした。ある準位から他の準位に変わる状態の遷移を、1917年、アインシュタインは平均寿命で記述される確率的な過程として説明した。この確率を表すアインシュタイン係数AとBを計算する試みを1924年にボーア、クラマース、スレーター（BKS）が行い、ここから力学変数は行列であるとするハイゼンベルグの行列力学がでてきた。これとは別にシュレーディンガーは、ド・ブローイの電子の波動説を発展させて、エネルギー準位を導きだせる波動力学を提案した。直ちにディラック、ボルン、ヨルダンらにより両者の関係が明らかにされた。

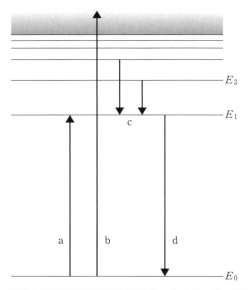

図1−4 原子内で電子が取り得る状態のエネルギーは、図の横線のように飛び飛びの値をとる。これを原子のエネルギー準位という。最下線の状態は基底状態 E_0、上の状態 E_1、E_2、…は励起状態と呼ばれる。基底状態にある原子は、振動数 $v = (E_1 - E_0)/h$ の光子 a を吸収して E_1 状態に遷移する。最上部の灰色の部分は電子が原子に束縛されていない状態を表し、bのような十分大きなエネルギーの光子を吸収すると原子はイオン化する。励起状態にある原子はcやdのように光子を放出して、エネルギーが低い状態に遷移する。

物理的解釈の仕上げ——コペンハーゲン解釈とボーア・アインシュタイン論争

　行列力学は物理学者に馴染みのない数理手法なので、当初は波動力学の形で量子力学は普及し、Ψが確率を導くことも実験との対比で明らかになるが、その物理的イメージ

第1章 量子力学とアインシュタイン

を巡っては難問が浮上した。ボーアとハイゼンベルグは熟考を重ね、1927年、異なった見方の両立を説く相補性原理、不確定性原理、Ψの「収縮」(第2章2-3)を含むコペンハーゲン解釈を提出した。夏から秋にかけてボーアはこの考えを精力的に広めるが、10月のソルベイ会議で同席したアインシュタインが反対を唱えた(図1-5)。ボーアがその説得にあたったのが、「ボーア・アインシュタイン論争」である。

図1-5 量子力学を承認することとなった1927年のソルベイ会議(ブリュッセル)の出席者 (前列左から)ラングミュア、プランク、キュリー、ローレンツ、アインシュタイン、ランジュバン、グイエ、ウイルソン、リチャードソン、(2列目左から)デバイ、クヌーセン、ブラッグ、クラマース、ディラック、コンプトン、ド・ブロイ、ボルン、ボーア、(3列目左から)ピカール、アンリオ、エーレンフェスト、ヘルゼン、ド・ドンデ、シュレーディンガー、ヴェルシャフェルト、パウリ、ハイゼンベルグ、ファウラー、ブリユアン。

量子力学にノーベル賞

1933年、量子力学の理論にノーベル賞が与えられた。保留されていた1932年度と1933年度の受賞者が一緒に発表され、32年度はハイゼンベルグ、33年度はシュレーディンガーとディラックの折半であった。この夏、ドイツではナチスが政権につき、アインシュタインと同様にシュレーディンガーも亡命したので、英国から授賞式に出席した(図1-6)。

1930年にはディラックが今でも通用する教科書『量子

図1-6 量子力学でのノーベル賞受賞者　右からシュレーディンガー、ハイゼンベルグ、ディラックと、ディラックの母親、シュレーディンガー夫人、ハイゼンベルグの母親。ハイゼンベルグとディラックは未婚で母親を同伴。1933年12月、ハイゼンベルグは前年保留されていた1932年度の賞、他の2人は1933年度の賞を同時に受賞した。

力学』(翻訳書は岩波書店から 1936 年に刊行) を書き、1932 年にはフォン・ノイマンがヒルベルト空間による『量子力学の数学的基礎』(翻訳書はみすず書房から 1957 年に刊行) を提出したが、第 4 章で見るように、解釈問題はくすぶったままだった。

EPR と「猫」

　ボーア・アインシュタイン論争は 1930 年のソルベイ会議でも続いたが、次々回の 1933 年には、研究のフロントは、1932 年の中性子の発見を受けて、原子核・素粒子の解明に主題は変わった。量子力学はもう既定の理論となっていった。ボーアは「論争」を公刊して、アインシュタインのお墨付きを得たという流れをつくった。

　米国亡命後、プリンストンに落ち着いたアインシュタインは、1935 年に、量子力学批判の論文「物理的実在の量子力学による記述は完全と考えられるか?」(Can quantum-mechanical description of physical reality be considered complete?) を発表した。この論文は共著者 Einstein-Podolsky-Rosen の頭文字をとって EPR 論文と呼ばれている。ここで主題とされた「物理的実在」については第 4 章 4-1 で詳しく論じる。EPR 論文で取り上げている思考実験では運動量の相関であったが、本書では電子や陽子の自転に相当するスピンの向きの相関を例に第 3 章 3-5 の「EPR エンタングルメント」で論じる。

　この論文は、三人の議論をもとにポドルスキー (1896 ～ 1966 年) が執筆したとされるが、彼は『ニューヨーク・

タイムズ』紙に「量子力学の誤りが明らかになった」と売り込んで、それが新聞に載り、アインシュタインは立腹して彼と絶交したという。若いローゼンと一緒に研究した成果が一般相対論のアインシュタイン・ローゼン橋（ER bridge、図5-2）である。

この EPR 論文を亡命先の英国で読んだシュレーディンガーがアインシュタインの量子力学批判に共鳴して、「シュレーディンガーの猫」という思考実験を含む議論を書いた。二人の交換書簡を記したのがファイン著『シェイキーゲーム』（町田茂訳、丸善）である。

時代の流れ

場の量子論を使った湯川秀樹の中間子論の論文公表が、EPR 論文と同じ 1935 年であることから想像されるように、物理学はすでに量子力学を携えてミクロの世界の探究に一斉に走り出していた。それに対して、EPR 論文は依然として量子力学自体を問題視するものであった。大物アインシュタインの根本的問いかけではあったが、時代は量子力学を既定のものとして走り出しており、この異議申し立てに耳を貸す者はいなかった。

また欧州の政治状況は風雲急を告げていた。ナチス勢力はドイツ周辺にも広がり、ユダヤ人追放でヨーロッパ学術界は混乱し、1939 年遂に第二次大戦が火をふいた。「"シュレーディンガーの猫"の時代」（拙著『科学者、あたりまえを疑う』青土社　第5章参照）に書いたように、いまはお遊び感覚の「猫」議論だが、「猫」殺傷の実験の発想には、

亡命先でのシュレーディンガーの悲壮感を読むべきなのだ。さらに世界戦争開始で研究最前線の物理学者の多くが原爆やレーダーなどの開発に動員されていく。何れにせよ、学界自体が「根本的問いかけ」を議論する雰囲気ではなくなり、しばらくお預けとなった。

離散的と構造の強固さ

アイルランドのダブリンで亡命生活を送るシュレーディンガーは、「戦時下」で研究継続は小休止となり、敢えて専門外の『生命とは何か』(原著1944年、岩波文庫) という課題に理論物理学者として挑戦し、二つの重要な貢献をした。一つは「遺伝物質」について、二つ目は「生命とエントロピー」である。後者は生命体が開放系で「負のエントロピーを食べている」という認識で、後の複雑系の展開にも寄与したのだが、量子論とは直結していない。それに対して前者は、遺伝情報継承の安定性を量子力学による構造の離散性や変化の飛躍性に求めたものである。らせん構造のDNAに四つの分子の配列で遺伝情報が組み込まれているという、1953年のワトソン・クリックの「二重らせん」の発見に先駆けた考察だった。

多数の原子からなるマクロな構造体では連続的な変性が可能なので、環境の刺激に対して構造や機能は次第に崩壊していく。ところがこの「長く使うと、擦り切れて、古びてくる」というマクロな感覚はミクロの原子・分子には通用しない。熱現象の真空管の時代と比べて半導体素子時代の電子機器の故障の低さなども、この量子力学的強固さを

実感させるものである。遺伝情報の安定性と絡めて、量子力学の一つの実感法である。

1-4　量子力学の大躍進

物理学の世紀

　拙著『物理学の世紀』（集英社新書）では、20世紀の流れを次の三段階に分けた。
　第1期　X線から量子力学まで
　第2期　原爆からクォークまで
　第3期　コンピュータと量子技術
　この時代区分の妥当性についてはこの本を見ていただくとして、少し補足する。「X線から」とは、高電圧とかの社会インフラの整備で実験のテクノロジーが進歩し、実験が「自然」の新しい側面を暴き出したことを指す。「原爆から」とは、戦争への貢献で基礎研究の意義が認識され、第二次大戦後に桁違いに巨額な資金が研究に投資されたことを指す。その中で素粒子や宇宙の研究が急速に拡大した。

量子力学からのハイテクの爆発

　第3期の「コンピュータ」とはコンピュータ自体の研究・開発というよりも、素粒子・宇宙の観測や医療・通信技術も含めて、情報処理能力の格段の増大が物理学の実験・理論両面で研究自体に影響を及ぼしたことを指す。そして、

第 1 章　量子力学とアインシュタイン

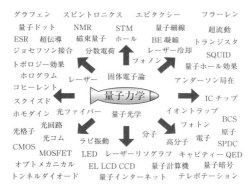

図 1 − 7　量子力学によるハイテクの爆発

この「量子技術」こそが本書の主題に大きく関わっている。人工的にナノスケール構造を製作するシリコン技術は、情報通信技術の革新をハード的に実現しただけでない。量子ドットや量子細線は新量子効果の舞台を提供し、また光の新しい量子状態を実現するなど、「量子技術」は量子力学をしゃぶり尽くして大成長している。量子コンピュータ、量子インターネットなど、量子状態を操作するテクノロジーの未来までもが語られるようになっている。量子力学の不思議は「ボーア・アインシュタイン論争」からいまや、「株式市場のトピックス」へ移行しようとしている（図 1 − 7）。

「黙って、計算しろ！」

　怒濤(どとう)のような第2期の力強い物理学の進展の最中、量子力学を標準の教科として学ぶ学生が桁違いに増加した。新興学問が知的権威に挑戦する「思想としての科学」の時代は遠のき、「プランクのマッハ批判」、量子力学誕生時のアインシュタインの異議、序章に述べた議論などを意識する学生も影を潜めた。

　しかし、量子力学を学習し始めると、「観測者の登場」などが腑に落ちず"モヤモヤした"疑問を抱く学生はいつも存在した。そして、その疑問を教員や先輩にぶつけると、「黙って、計算しろ！(Shut up and Calculate!)」と諭されるのが常だった。「先まで勉強すると悩みは解消する」から「黙って、計算しろ！」と。そして確かに、「先まで勉強すると」量子力学が拓いた豊かなミクロ新世界の多彩さに圧倒され、入り口で抱いた疑念などは自然に消えていくのであった。

　米国の物理教育界では、この「Shut up and Calculate!」というセリフの発祥がファインマンであるとか、そうでないとか、賑やかな話題である。このセリフが如何にメジャーであるかはGoogle検索で「Shut up and Calculate」と入力すると分かるが、このセリフ入りのTシャツ、タオル、マグカップ、iPhoneケースなどの商品も販売されている。いまではさらに発展して、物理と数学の関係、純粋研究と応用研究の関係などに議論が広がっている。

　このように量子力学の学習で浮かぶ疑念や懸念に引きずられずに、こころを強くしてこの困惑を克服する現場の

モットーとして「黙って、計算しろ！」が語られているのである。「君はアインシュタインとは違うのだ！ 量子力学に異議を唱えたら物理学の玄人にはなれないよ！」という思想善導である。戦後の物理学の本流は「黙って、計算しろ！」を忠実に守り大発展したのである。

アインシュタインの隠れた変数

アインシュタイン（1879〜1955年）は70歳の記念出版に研究の流れを『自伝ノート』（中村誠太郎・五十嵐正敬訳、東京図書）に記したが、量子力学について「私はこの理論は将来の発展のいかなる有効な出発点をも与えてくれないと信ずる。この点が、私の期待が現代の物理学者のそれと最も大きく懸け離れている点である」と述べている。ボーアと論争した創造期ならまだしも、この時期でもまだ「自分は反対派だ」と主張している。量子力学は隠れた変数を統計的に処理した統計力学のような二次的な理論であるとして、背後に未知の「一次理論」があると彼は考えていたようだ。

ベルの不等式

EPR論文の難問提起に答える試みは大きく二つに分けられる。一つは波動関数の「収縮」の過程をもっとリアル（実在論的）に構築する試みであり、もう一つは「隠れた変数」を追加して平均をとった統計理論とみなす試みである。

後者の試みをしたのがジョン・ベル（1928〜1990年）である。彼は「隠れた変数」理論を想定するが、その具体

的な枠組みを一切用いなくてもできる議論に気づいた。完全記述が「隠れた変数」の追加で可能であるが、これを観測せずに統計的に平均した場合の相関の大きさに着目して、それが満たすべきある不等式をベルは導いた（第3章3-5）。

　1964年の提案当時は全く注目されなかったが、テクノロジーの進歩によって実験が可能になり、ベルの評価が年々高まる中で、1990年、62歳の若さで急死した。彼の動機はアインシュタインと同様に実在論の復活であったが、ベルはその仮説の決着をあくまでも実験に委ねるべきであるとした。そのあり方を標語的に示す「語れるものと語れないもの（speakable and unspeakable）」が彼の著作集の題名になっている。

EPR論文復活と量子力学実験の進展

　発表当時、超大物のEPR論文なのに反応したのはシュレーディンガーとボーアぐらいで、一般の研究者は全く注目しなかった。ところが半世紀も経た頃から異変が現れた。論文の引用回数とは他の論文に引用された回数を表し、その論文の影響力のバロメータとされている。**図1-8**はこのEPR論文の年間当たりの引用回数の経年変化である。半世紀近くも経た1980年頃から急激に注目されだしたことが分かる。何かが動いたのである。

　『物理学の世紀』第3期のテクノロジーの波を体感する中で、実験家たちがベルの不等式の検証実験に興味を持ち始めたのだ。こうして、量子力学の長年の奇妙さを実験で決

第1章　量子力学とアインシュタイン

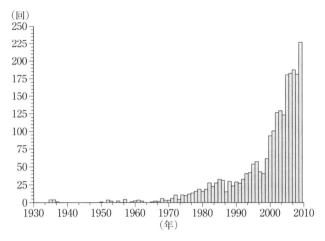

図1−8　EPR論文引用回数の経年変化　引用回数とは他の論文に引用された数を表し、影響力のバロメータとされている。EPR論文は当初無視されたが、1970年以後、レーザーの進歩などによって実験が可能になり急激に注目されだした。

着させる新しい実験研究が動きだしたのだ（**図1−9**、用語は第3章参照）。クラウザー、アスペらの実験でベル不等式不成立が確実なものとなった（第3章3−5）。またエンタングルしたペアを用いた量子テレポテーション（**図1−10**）にも成功した。1mから始まったテレポテーションの距離は2012年には100km以上に達し、2016年には1万kmに挑戦するための人工衛星を中国が打ち上げた（**図1−11**）。

1964年	ベルが「隠れた変数」での相関を論ずる
1969年	クラウザー、ホーン、シモニー、ホルト ベルの提案を実験可能な形に書く
1972年	クラウザーらが初めてのベル不等式の検証実験に挑戦
1982年	アスペ ベル不等式否定の実験
1985年	SDC二光子でベル不等式の否定実験の精度が20シグマ以上に
1987年	ホーンら(HOM) SDC二光子をBSで合わせる
1989年	GHZが三体エンタングル状態を用いた局所実在論証の実験提案
1991年	ツォら(ZWM) MZ干渉計でのwhich path? 実験
1992年	クワイアットが量子消しゴム実験
1994年	ショアが素因数分解の量子計算アルゴリズム提案
1995年	クワイアットら 作用のない測定実験
1995〜2008年	ワインランド 捕捉イオン集団運動のエンタングルメント、CNOTゲート実験
1996〜2007年	アロシュ リドベルグ原子−光子のエンタングルメント、キャビティーQEDの実験
1997〜1998年	ザイリンガーらが光子による量子テレポテーションの実験に成功。距離は700m
2000年	キムら(KYKS)二重スリットでのwhich path? 実験
2000年	ザイリンガーら 光子三体のGHZ状態の実験で隠れた変数理論否定
2006年	グランジャー、アスペが単一光子での遅延選択実験
2007年	ザイリンガーがレゲットの非局所実在論否定の実験
2009年	モンローら 捕捉イオンの量子状態のテレポテーション1m
2012年	ヨーロッパ及び中国グループがテレポテーション距離140kmで成功

図1−9 量子力学実験の進展

第1章 量子力学とアインシュタイン

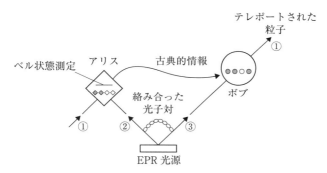

図1-10　量子テレポテーション　文字、音声、映像といった様々な情報が0、1のデジタルなビット情報（二値記号）で表されるようになり、現代生活の身の回りの技術に使われている。この古典的ビット状態が、量子力学では2つの状態が重なったqビット状態に拡張される（第2章2-4参照）。現在の情報通信はビット情報を送信しているが、量子テレポテーションではqビットが送信される。量子情報の研究分野で通信を論じる時は、送り手をアリス、受け手をボブと呼ぶならわしがある。
テレポートの手順：絡み合った光子対（②と③）をアリスとボブが持っている。アリスがqビット①を②と一緒にして観測し、その結果をアリスがボブに「古典的情報」として伝えると、ボブはそれをもとに③に手を加えることで①のqビットに変えることができる。こうしてアリスからボブにqビットを送信したことになる。「テレポテーション」という名称はアインシュタインが「こんな馬鹿げたことが起こるなら、それはテレパシーだ！」と否定したことに由来する。

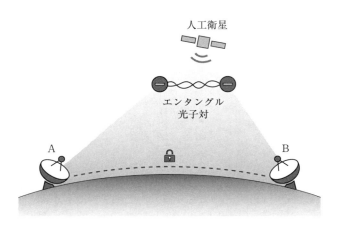

図1−11 宇宙空間でのテレポテーション実験計画　人工衛星からエンタングルした光子対を地上のA（アリス）とB（ボブ）に送る。これを用いて、図1−10の手順で、Aから数千km離れたBにqビットを送ることができる。

開拓分野から成熟分野へ

　新しい動きは何時も思いがけないかたちで始まる。図1−9に見るように、例えばこの「実験」に初めて挑戦したクラウザーの直前の実験は電波天文であった。星間分子CN（シアンラジカル）の励起状態からビッグバン宇宙の残光である宇宙背景放射の温度を測定して（1969年）、1965年のペンジアスとウィルソンの大発見を確認した。ともかく様々な分野の実験家がこの新テーマに惹きつけられてきたのである。

　学界全体の中でもこうした量子力学実験研究の評価が高まり、ベルは1988年にディラックメダル、翌年にはハイ

ネマン賞、ヒューズ（Hughes）メダルを受けた。実験家のクラウザー、アスペ、ザイリンガーも 2010 年のウルフ賞を受賞した。また本書では触れていないが、「個別の量子系を測定し操作することを可能にする画期的な実験方法の開発」でアロシュとワインランド が 2012 年のノーベル賞を受賞した。これらは全て量子力学実験分野の進展を伝えるメルクマールであった。

　この量子エンタングルメントの不思議さを使いこなす技術が現実的な目標となり、それを応用した量子計算、量子暗号、量子インターネットなどを目指す量子情報の研究が勃興した。我々はもうアインシュタインが想像もしなかった時代を生きているのである。

第 2 章

状態ベクトル
と
観測による収縮

2−1　量子力学の三要素、対象とモデル

一般理論と理論モデル

　物理学では対象を数理的に扱うために理想化したモデルを想定する。それが粒子と場であり、中間に多粒子系がある。古典力学も量子力学もこれらモデルに適用される一般理論である。粒子モデルは自明であろうが、場のモデルとしては水面の波や電磁場を思い浮かべればよい。場の振る舞いの典型が波動である。粒子間の作用がバネで結ばれた多粒子系で、粒子間距離を小さくしていった極限で場の理論になる。また、各々のモデルで振る舞いは相対論的でも非相対論的でもよい。こうした各モデルに対応した古典と量子の対応を図2−1に示した。「粒子」—「多体」—「場」に対応して量子力学を使った多くの手法が開発されている。

　いま「物質は全て素粒子から成る」と開き直れば、「物質界は相対論的量子場だ」となる。素粒子は相対論的場の量子理論で扱われ、素「粒子」などは存在しない。しかし、原子や固体の中の電子の振る舞いをクォーク・レプトンの相対論的場の理論で扱うのは賢明ではない。問われているのは、間違いか正しいかではなく、上手か下手かという判断であり、それでいうと下手だということである。「上手」にやるのが「賢明」である。

　目的に応じて上手にモデルを選んで扱うことが探究の要である。固体中の電子は非相対論的な多粒子系として、あ

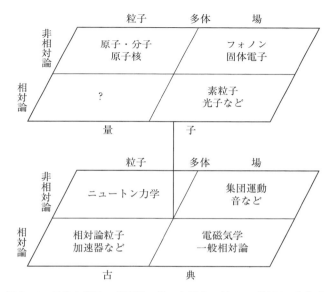

図2-1 量子力学は一般理論 様々な対象に対して「粒子-多体系-場」および「相対論-非相対論」という範疇（はんちゅう）で仕分けされた理論モデルがつくられ、それらに対して「古典-量子」（下と上）の一般理論が適用される。図にはいくつかの典型的テーマを記入した。

るいはその極限としての場として扱われる。原子内でも電荷の大きい原子核の近くでは相対論的量子場の効果が効く場合もあるが、大半の場合は原子・分子の電子は非相対論的でよい。

電磁場は相対論的場だが、量子力学では振動のエネルギー状態が飛び飛びになり整数が登場するので、その数字を光子（フォトン）数とみなす粒子モデルも上手な見方になる。固体を構成する原子の多体系の格子振動も場の理論

で扱えて、その量子論ではフォノン（音量子）という粒子モデルで議論される。ただし波動を位相の整ったコヒーレント状態として量子論で扱うこともできる。対象や現象や目的に応じてどのモデルが有効かを巡っては膨大な理工系の話があるが、この本の主題ではない。

量子力学の三要素

　現在、量子力学は理工系の科学や技術の広範囲に及んでおり、具体的な対象の課題解決のために、各分野ごとに便利な数理形式や専門用語が生まれている。完成後、すでに90年を経た量子力学は成熟段階にあり、各分野で共有されている見方や解釈が少しずつ違っていても、支障なく各分野の発展を支えている。「支障なく」とは自然に切り込んでそれを操作するツールとして支障がないということである。ツールと思えば各分野の課題に適した趣向が凝らされるのは理解できるが、「ツールだ」というと必ず「いや自然の法則だ」という声が飛ぶ。基礎にさかのぼると意見が分かれるのに「支障なく」役立っている。これが成熟した現代量子力学の不思議な姿である。

　本章では第3章で紹介する量子力学実験の理解に必要な最低限の用語と記号の説明をしておく。ここで数式の登場となるが、苦手な人は流し読みしても後の章が読めるように心掛けたつもりだ。数学といっても微分や積分ではなく加減乗除の線形代数である。

　量子力学は次のような三つの要素から成る。

　A　「作用」にプランク定数hの最小単位がある

第2章　状態ベクトルと観測による収縮

粒子		波動
運動量 p	$p = h/\lambda$	波長 λ
エネルギー E	$E = h\nu$	振動数 ν
個数 N	$N \sim A^2$	振幅 A

図2-2　粒子－波動の二重性　左側に粒子の概念、右側に波動の概念、中間に両者をつなぐ関係を示した（ここでの波動は「波動関数」の「波動」ではない）。

　B　確率計算用の波動関数とその変動
　C　観測での波動関数の収縮

　前期量子論では、BもCもなく、Aと図2-2の粒子・波動二重性の関係だけで、原子の離散的なエネルギー準位などの多くの現象の説明に成功した。図2-2のようにhがミクロな対象の粒子モデルと波動モデルを結びつけている。なぜ粒子が波動なのかは全くイメージできないが、この数式で結ばれる二重の性格を併せ持つものが自然に存在するのだから受け入れざるを得ない。それに対して「モデル」は人工の概念だ。本章で問題にするのはBとCである。

量子力学＝シュレーディンガー方程式？

　量子力学の学習を始めると、様々な粒子運動の波動関数をシュレーディンガー方程式で解く課題Bが学習の大半を占め、頭が他に向かなくなる。この様々な対象の波動関数を計算する課題が第1章で述べた「黙って、計算しろ！」に当たる。ここに学習すべき膨大な中身があるので、ここが量子力学の本丸だと思ってしまうが、本書ではシュレー

ディンガー方程式なしで量子力学を見ていく。

　数理的には、Bに膨大な内容があるのに比べて、Cの「観測（測定）での波動関数の収縮」は子供だまし程に貧弱な内容である。そして、初めて学ぶ学生が、量子力学の奇妙さに出合うのはこのCである。観測過程の物理現象が語られるのかと期待すると肩透かしである。このあたりを見るにはまず波動関数を登場させなければならない。

2-2　波動関数と状態ベクトル

「粒子・波動」二重性

　波動関数にいく前に、「波動」という言葉についての注意点を述べておく。よく量子力学のエッセンスは「粒子と波動の二重性」であるといわれる。しかし、ここで「電子の波動説」という場合の波動と「シュレーディンガーの波動関数Ψ」の波動とを混同しないように整理をしておく。

　アインシュタインの「光（電磁場の波動）も粒子だ」と、ド・ブローイの「電子（粒子）も波動だ」はともに、実験で明らかになった光や電子の粒子・波動の二重性という新しい姿である。ここでの「粒子」と「波動」とは古典物理で慣れ親しんでいるモデル概念である。だから二重性を持つことの実験的発見は、単に「光や電子のミクロでの振る舞いは古典概念では理解できない」といっているだけである。ここでは「粒子」と「波動」というモデル概念と光や

電子という現実の対象を別なものとして整理する方がよい。

　古典力学では月やミサイルという対象の運動は粒子モデルで完全に扱えたし、古典磁気学や波動光学の現象は「場」で扱えた。だが決して対象そのものが粒子や波動だというのではなく、同じ対象であっても、注目する現象に応じて異なったモデルを適用するのが、「上手」で賢明な「参加者」なのである。

「粒子・波動」の波動と「波動関数」の波動の差

　この「粒子・波動二重性」の実験的発見は、テクノロジーが進歩してミクロの世界に分け入ってみたら、二重性格の珍獣がいたというだけである。驚きではあるが、論理矛盾があるという意味での深刻さではない。この事態に対応するために新たに波動関数という数理概念Ψを持ち込んで量子力学が完成したのである。深刻なのは、この数理概念の素性が従来の物理学での数理概念と著しく違うことである。

　これは本書の主題なので何回も言及するが、ここでは混線を避けるために言葉の整理をしておく。本書では「波動関数」の代わりに「状態ベクトル」という用語を使う。振動数や波長などの波の性質が全くない場合でも「波動関数」と呼ぶのは適当でないからである。ただし、現在でも、同じものが「波動関数」と呼ばれたり、「状態ベクトル」と呼ばれたりしているのは事実である。

　シュレーディンガーが波動力学を提案した時には、彼は時空上に存在する波動を表す関数だと考えたのである。しかし、ボルン、ハイゼンベルグ、ボーアらの考察でこの解

釈はすぐに否定され、確率を計算する抽象的な存在となった経緯がある。「粒子・波動二重性」の波動との混同した時期の名残が「波動関数」である。

二重スリット実験と干渉効果

それにもかかわらず波動関数という用語が使い続けられてきた理由は、状態ベクトルで大事な「重ね合わせ」や「干渉」という性質が時空上の普通の波動でイメージしやすいからであろう。しかし、「波動」を記述する関数のような字面に引きずられてはならない。

図2-3(a)のように、光の進行を遮る板の二つのスリットから漏れる光により、背後のスクリーンに縞模様が見られる。19世紀初頭にヤングが気づき、光の波の干渉効果とみなされ、19世紀中頃に提出された光の電磁波説の証拠の一つとなった。二つのスリットからスクリーン上のある点までの距離が違うために、図2-3(b)に説明したように、スクリーン上の位置xに達する波動（A_1とA_2）の位相が違うことで、合わさった波の強度に干渉縞が見られるのだ。

空間ベクトル復習

状態ベクトルに戻ろう。ベクトルという数学用語は、高校では、位置ベクトルとか速度ベクトルとかで現れる。ベクトルは"数"ではないが、基準とする方向を決めて、その方向を向いたベクトルに分解すると、成分という"数字の組み"で表せる。基準方向を任意に持ち込んで、数字の

第2章 状態ベクトルと観測による収縮

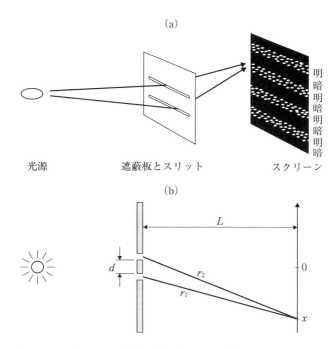

図2-3 二重スリット実験 (a) 光源から遮蔽板に到達した光は、二つのスリットを経由してスクリーンに到達する。波動論ではスクリーン上のある地点に二つのスリットからの距離が異なる (光路差) ことによる波動の位相差が原因で、スクリーン上の強度に明暗の縞模様ができる干渉効果が見られる。
(b) 遮蔽板での波動 A の位相は同じでも、二つのスリットからスクリーン上の位置 x までの距離は違うので位相に差が生ずる。光の波数を k ($=2\pi/$波長) とすると、スクリーン上では $A_1 = A\exp[ikr_1(x)]$ と $A_2 = A\exp[ikr_2(x)]$ の重ね合わさった波が現れる。強度は、$\Delta\phi(x) = k[r_2(x) - r_1(x)]$ として、$|A_1 + A_2|^2 = 2|A|^2[1 + \cos\Delta\phi(x)]$。さらに $L \gg d$, x の条件のもとでは $\Delta\phi(x) = kdx/L$ となる。このために、スクリーン上の強度は位置 x が変わると振動的に変化する。

組みに落とし込むのである。そして、同じベクトルでも、基準方向を変えれば成分も変わる。

図2-4のように、例えばxy平面上の空間ベクトル$|V\rangle$は、x軸方向を向く単位ベクトル$|x\rangle$とy軸方向を向く単位ベクトル$|y\rangle$を用いて

$|V\rangle = V_x|x\rangle + V_y|y\rangle = \Sigma V_a|a\rangle$, $a = x, y$

と表せる。V_xとV_yは成分で、数字の組みで(V_x, V_y)と書く。共役ベクトルとはベクトルとの内積をとると、数字になるものであり、ベクトルの大きさは内積 $\langle V|V\rangle = V_x^2 + V_y^2$で定義される。ここで$\langle V|$は$|V\rangle$に共役なベクトルである。また$|x\rangle$と$|y\rangle$に共役なベクトル$\langle x|$と$\langle y|$を導入して、それらの内積が$\langle x|x\rangle = \langle y|y\rangle = 1$、$\langle x|y\rangle = 0$の関係を満たせば(すなわち$\langle a|b\rangle = \delta_{ab}$。クロネッカーの$\delta_{ab}$は、$\delta_{xx} = \delta_{yy} = 1$、$\delta_{xy} = \delta_{yx} = 0$である)、$|x\rangle$と$|y\rangle$は大きさが1に規格化された互いに直交するベクトルである。

いま図2-4(a)のような二つのベクトル$|V_1\rangle$と$|V_2\rangle$を重ね合わせたベクトル$|V\rangle = |V_1\rangle + |V_2\rangle$の大きさを計算すると、波動について図2-3で見た干渉効果と同じように「ベクトルの干渉」効果が見られる(図2-4(b))。「波動」関数と状態「ベクトル」に共通する一端がここに見てとれる。

状態ベクトル

次に、空間ベクトルから状態ベクトルに飛躍する。一般には、状態ベクトル$|\Psi\rangle$は、基準となる状態ベクトル$|i\rangle$

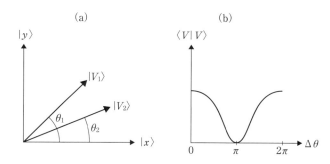

図2−4 空間ベクトルの「干渉」 (a)のような大きさ1の二つの空間ベクトル$|V_1\rangle$と$|V_2\rangle$を考える。
$$|V_1\rangle = \cos\theta_1 |x\rangle + \sin\theta_1 |y\rangle$$
$$|V_2\rangle = \cos\theta_2 |x\rangle + \sin\theta_2 |y\rangle$$
と表せるので、この二つのベクトルを重ね合わせた合成ベクトルは
$$|V\rangle = |V_1\rangle + |V_2\rangle = (\cos\theta_1 + \cos\theta_2)|x\rangle + (\sin\theta_1 + \sin\theta_2)|y\rangle$$
$$\langle V|V\rangle = (\cos\theta_1 + \cos\theta_2)^2 + (\sin\theta_1 + \sin\theta_2)^2 = 2(1 + \cos\Delta\theta)$$
ここで$\Delta\theta = \theta_1 - \theta_2$である。ここで$(1+\cos\Delta\theta)$の形は図2−3で見た二つの波動を重ね合わせた波動に見られたものと同じである。$\Delta\theta$の変化に対して$\langle V|V\rangle$に、(b)のように干渉効果が見られる。

と成分ψ_iを用いて

$$|\Psi\rangle = \Sigma \psi_i |i\rangle$$

のように、空間ベクトルの場合と同じように与えられる。ただし、ベクトルの成分ψ_iは複素数であり、共役な状態ベクトルは、ψ_iの複素共役をψ_i^*として、

$$\langle\Psi| = \Sigma \psi_i^* \langle i|$$

と書かれる。このように成分を複素数に一般化したベクトルはヒルベルト空間のベクトルと呼ばれる。内積が1に規格化されていれば、

$$\langle\Psi|\Psi\rangle = \Sigma |\psi_i|^2 = 1$$

のように書ける。ここで基準状態ベクトルは $\langle i|j\rangle = \delta_{ij}$ のように直交しているとする。

　成分の絶対値の2乗 $|\psi_i|^2$ は必ず正の数であり、それらの和が1になるので、$|\psi_i|^2$ を状態 $|i\rangle$ にある確率と解釈することができる。

　ここで、量子力学では、$\langle i|$ や $|j\rangle$ のような記号を各々ブラベクトル、ケットベクトルと呼ぶ。「括弧（bracket）」の意味のブラケットを二つに分けたのである。

状態ベクトルと観測

　状態ベクトルのイメージを大雑把に描くために簡単な例を考えてみる。いま**図2－5**のように線分ＡＢを5等分して左から第1区画、第2区画、……、第5区画と名付ける。そして5区画のどこかに粒子が位置しているとする。この状態を状態ベクトルで表してみる。

　まず第 a 区画に存在する状態を $|a\rangle$ で表す。線分ＡＢ間に存在する粒子の位置状態を一般に

　　$|\Psi\rangle = \Sigma \psi_a |a\rangle \quad a = 1,\ \cdots,\ 5$

で表現する。粒子が第3区画に存在するという状態 $|\Psi_3\rangle$ は成分 ψ_a が $(0, 0, 1, 0, 0)$ であることである。また、第3区画と第4区画に等確率に存在するという状態 $|\Psi_{34}\rangle$ の成分は $(0, 0, \frac{1}{\sqrt{2}}, \frac{1}{\sqrt{2}}, 0)$ と書ける。ただし確率は成分の絶対値の2乗であるから、$\frac{1}{\sqrt{2}}$ に絶対値が1の位相

第2章 状態ベクトルと観測による収縮

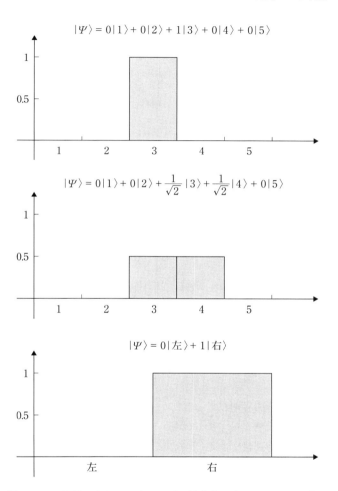

図2-5 状態ベクトルのイメージ 線分をいくつかの区画に分けたとき、1個の粒子がどこにあるかの確率情報を表すのが状態ベクトルである。

$e^{i\theta}$ がついて $\frac{1}{\sqrt{2}}e^{i\theta}$ でもよい（ここで θ は任意の実数）。

　ここで確率とは、同じ状態ベクトルで与えられ多数の対象を観測した場合の集積データから計算されるものと一致するものである。状態 $|\Psi_{34}\rangle$ の観測では第3区画と第4区画にほぼ同数観測され、他の区画には観測されない。

「観測」とは「区画判定」

　ここで「この状態ベクトルで表される粒子の位置を観測する」の意味を押さえておく。位置の観測（測定）といっても「定規の目盛りを読んで3.5cmの位置」というのではなく、予め用意した区画の何れにあるかを判定することである。この「区画判定」と「端Aから測定して3.5cmの位置」の「測定」とは一見違う行為のように見えるが、どんな「測定」でも精度に限界があるから、限界精度の幅で区分した区画の何れであるかを判定するのが測定なのである。一般には限界精度の幅というよりも、目的と判別する技術に応じた幅の区画が設定される。

物理量とその平均値

　対象の状態を表すのが状態ベクトルであり、状態を分類するのが物理量である。前の例では粒子の空間の位置が物理量であるが、粒子の運動量に着目して状態の区画分けをすることもできる。

　量子力学では物理量と状態ベクトルを次のように関係させる。ある物理量のオペレータ $\hat{A}$ に対して $\hat{A}|i\rangle = A_i|i\rangle$、

したがって$\langle i|\hat{A}|i\rangle = A_i$、となる状態$|i\rangle$を導入する。$A_i$は$\hat{A}$の固有値、$|i\rangle$は$\hat{A}$の固有状態と呼ばれる。$|i\rangle$状態の$\hat{A}$を観測すると必ず$A_i$が観測される。違った固有状態$i$、$j$に対しては$\langle i|\hat{A}|j\rangle = A_j\langle i|j\rangle = 0$である。

一般の状態$|\Psi\rangle$では、$\hat{A}$の大きさは$\langle \Psi|\hat{A}|\Psi\rangle = \langle A \rangle = \sum_i |\psi_i|^2 A_i$と表される。この大きさ$\langle A \rangle$は、式を見ると、各々の固有状態での物理量$A_i$と確率$|\psi_i|^2$の積の総和である。これは、同じ状態にある対象の$\hat{A}$を多数回観測した時の測定値$A_i$の平均値のことであり、期待値とも呼ばれる。観測の痕跡が残るから、「同じ状態にある対象」とは「同じ個物」ではない。観測は同じ状態にある新品のサンプルに対して行うものであり、期待値を測定するためには多数の個物を用意しなければならない。

個々の観測においては、観測される値はA_1、A_5、…などとまちまちだが、同じ状態$|\Psi\rangle$の対象なら多数回の観測データから計算される平均値は期待値に近づく。だからこの状態$|\Psi\rangle$には、いくつもの固有状態$|i\rangle$が"混じっている"とか、"重なり合っている"とか表現するのである。特別な場合として、観測で毎回同じ値が観測されるなら、これはその物理量の一つの固有状態にあるということになる。

確率という物理量

ここで、確率というものも物理量の一つであると考える。状態ベクトルを用いて次のようなオペレータPを

$$P_i = |i\rangle\langle i|$$

と定義すれば
$$\langle P_i \rangle = \langle \Psi | | i \rangle \langle i | | \Psi \rangle = \langle \Psi | i \rangle \langle i | \Psi \rangle = |\psi_i|^2$$
のように、i 状態である確率が与えられる。ここで確率とは多数回の観測結果のデータ整理に用いる量であって、対象が固有に保持しているイメージのある通常の物理量とは性格が違うのである。これを長さや重さのような物理量と同格に扱うことには抵抗があるかもしれない。「確率」とは統計データに関わる概念だと思えば、個物の対象が保持している物理量ではないような気がする。確かに、これは量子力学の難問の一つであり、その議論は第4章で行う。

なお、オペレータ P_i を $|\Psi\rangle$ に作用させると、
$$P_i |\Psi\rangle = \psi_i |i\rangle$$
のように、一般の状態ベクトル $|\Psi\rangle$ を $|i\rangle$ 方向のベクトルに射影する作用であることが分かる。数学的にいうと、確率 P_i はヒルベルト空間の射影オペレータなのである。

2-3 状態ベクトルの変化

ユニタリー変換とシュレーディンガー方程式

状態ベクトルの変化とは成分 ψ_i の組みが他の ψ_i' の組みに変化することである。例えば、$\psi_i(0, 0, 1, 0, 0)$ が $\psi_i'(0, 0, 0, 1, 0)$ に変わるとは、状態ベクトルの内容が「区画3にある」から「区画4にある」に変化することであり、物理的には粒子の移動と解釈できる。しかし、例えば、ψ_i

$(0, 0, 1, 0, 0)$ から $\psi'_i (0, 0, \frac{1}{\sqrt{2}}, \frac{1}{\sqrt{2}}, 0)$ への変化とは単純な移動ではない。このように粒子の位置の「状態ベクトルの変化」は単純に「時空上での粒子の運動」では対応できなくなる。

こうした変化は状態ベクトル $|\Psi\rangle$ から状態ベクトル $|\Psi'\rangle$ への変化であるから、規格化条件 $U^\dagger U = 1$ を満たすユニタリー・オペレータ U を用いて、$|\Psi'\rangle = U|\Psi\rangle$ と同じ大きさの状態ベクトルに変換される。位置の移動をイメージしたユニタリー変換の一例を**コラム 1**に記した。

こうした状態の変化には前記のような位置の移動だけでなく「ある時刻 t の状態から Δt 時間が経った時刻 $t + \Delta t$ の状態への変化」、「多体系である粒子の位置をある軸の周りに角度 $\Delta \phi$ だけ回転させた状態」などを含む。一般のユニタリー・オペレータによる変化の特別の場合である、「ある時刻の状態から Δt 時間が経った状態への変化」、すなわち $|\Psi'(t+\Delta t)\rangle = U|\Psi(t)\rangle$ を、$\Delta t \to 0$ 極限をとった微分形で書いたのがシュレーディンガー方程式である。

ここで「変化」のイメージには二つある。一つは観測者と無関係に進行している対象の自発的変動というイメージであり、もう一つは参加者が対象の状態を変化させるというイメージである。後者は、例えば、計算機の操作のために電子を外部の指令で意図的に動かすといった状況である。また、自動運動的な前者の場合でも、参加者が測定の仕方を変えながら観測する場合もある。そして、いずれの変化でも状態ベクトルはユニタリー変換を受ける。量子力

学での観測は連続的に対象を見続けるイメージではないか

コラム1　状態ベクトルのユニタリー変換

オペレータ $\hat{q}$ の固有値 q の固有状態ベクトル $|q\rangle$ では $\hat{q}|q\rangle = q|q\rangle$。$U|q\rangle = |q+\varepsilon\rangle$ なるユニタリー変換 U を考えると、$\hat{q}|q+\varepsilon\rangle = (q+\varepsilon)|q+\varepsilon\rangle$ だから、$U^\dagger \hat{q} U = \hat{q} + \varepsilon$ である。

一般の重なった状態ベクトル $|\Psi\rangle = \Sigma \phi(q)|q\rangle$ の U 変換は

$$U|\Psi\rangle = \Sigma \phi(q) U|q\rangle = \Sigma \phi(q)|q+\varepsilon\rangle = \Sigma \phi(q-\varepsilon)|q\rangle$$

関数 $\phi(q-\varepsilon)$ のテイラー展開を指数の展開に置き換えることができて $\phi(q-\varepsilon) = \exp\left[-\varepsilon \dfrac{d}{dq}\right]\phi(q)$ である。したがって、$U = \exp\left[-\varepsilon \dfrac{d}{dq}\right]$ で表すことができる。

ここで $\hat{q}$ に正準共役な変数 $\hat{p}$ を $\hat{p} = \dfrac{h}{i}\dfrac{d}{dq}$ で導入すれば、交換関係 $\hat{q}\hat{p} - \hat{p}\hat{q} = ih$ を満たす。すなわち

$$U = \exp\left[-i\varepsilon \dfrac{\hat{p}}{h}\right]$$

となる。これを用いると、

$$U^\dagger \hat{q} U = \hat{q} + i\dfrac{\varepsilon}{h}(\hat{p}\hat{q} - \hat{q}\hat{p}) + \cdots = \hat{q} + \varepsilon + \cdots$$

の関係が導かれる。したがって、この U は状態ベクトルを $\hat{p}$ 方向に位置を ε だけ移動させるユニタリー変換であることが分かる。

ら、序章で述べた傍観者による自然観照のイメージは成立しない。

観測・測定での状態ベクトルの収縮・射影

　状態ベクトルは先述のユニタリー変化の他に、測定に伴う収縮（collapse）で変化する。測定も物理過程だから、ユニタリー変化の特殊なケースとして「収縮」もユニタリー変化に繰り入れるべきだ、とする試みがあったが成功していない。また、この試み自体が妥当なのかも自明でないのである。

「収縮」とは、ある重なった状態ベクトルが観測された値の固有状態ベクトルに変化することは、数学的にいうと「射影」という操作である。状態ベクトルが変化した証拠に、観測後の対象を引き続き同じ物理量の観測をすれば確率 1 で同じ結果が得られる。いま $|\Psi\rangle = \Sigma \psi_a |a\rangle$ にある対象を考える。この対象の A の観測を行って測定値が a であったなら、この過程で $|\Psi\rangle$ が $|a\rangle$ に変わったということなのである。この変化、$|\Psi\rangle \rightarrow |a\rangle$、が「収縮」であり、「射影」なのである。

　この「収縮」で何が変わったのか？　ここで大きく、"物理的対象が変わる" とする実在論と、"物理的対象に関する測定者の情報が変わる" とする情報論とに、解釈が大きく分かれ、その間に多くの折衷案がある。これが量子力学の解釈問題（第 4 章 4-3、4-4）の核心である。

「収縮」は collapse の翻訳だが、粒子の位置を観測する過程で、空間的に広がった波動関数がある一点に収縮すると

いうイメージによる。この空間的なイメージを描いてしまうと途中の経過が気になって仕方ない。しかし情報論でイメージすれば、期待に膨らんでいた多くの可能性が、ある事実を知って、一挙に多くの「可能性」が喪失するという、「膨らんだ夢が破れる」の語感にもなる。collapseにはそういう意味もあり、「収縮」という日本語も同様である。

統計的混合集団との差——干渉と変数依存性

　同じ状態ベクトルで表せる多数の物理的対象の統計的性質を、数理的に状態ベクトルで表現しているというのが情報論の見方である。しかし、多数回観測の統計データの表現手法に過ぎないという見方は、二つの意味で狭すぎて正しくない。一つは状態ベクトルから計算される確率には干渉項があることから分かるように、状態ベクトルは単純に"混じっている"混合集団の統計情報の表現手段ではないということである。もう一つは、次節のスピンの例で見るように、ある物理量の確定状態でも、別の物理量の重なった状態でもあり、異なった値を持つ個物の混合集団から一つの個物が観測で選ばれるとする通常の統計論とは明らかに違っている。どの変数を観測するかに依存して"重なっている"状態だったり、一つの値の確定した固有状態だったりする。確定値を持った個物の統計集団ではないのである。

測定とは頻度分布を知ること

　測定値とは測定装置が示す値であって、対象そのものの

量ではない。装置は系から独立した測定者が設定した観測変数と、その用意された区分のいずれかに確定的に起こる事象（イベント）として応答し、測定実験とはその回数をカウントすることであった。巻き尺で「値を測る」イメージとは程遠い。むしろ目の前を車が通りすぎるイベント（事象）の回数を数えているイメージに近い。数値化する時間区分の設定は測定者の意図に応じて決まり、5分にとったり1時間にとったりする。それが目的に即した実験の上手下手ということである。

このように、測定とは、測定者側が用意した選択肢への回答の度数分布のことであると割り切るならば、確率が系そのものの性質かどうかは別にしても、もともと対象の「認識」は確率的に行っているのである。このように系の観測が確率の測定であるという実態の上に立つと、状態ベクトルから確率を計算するオペレータ $P_i = |i\rangle\langle i|$ が必要になるのである。

制御と測定

量子力学では、長い間、観測のように「外部から対象に作用を及ぼす」と「波動関数は直ちに収縮を起こす」という思い込みがあった。「重なった状態」から必ず一つの状態に収縮すると。しかし、2012年のノーベル物理学賞の業績に「個別の量子系を測定し操作することを可能にする画期的な実験方法の開発」とあるように、現在の技術では「重なった状態」を"重なったまま"で外部から操作することができるのである。すなわち状態ベクトルの変化には、

"重なったまま"での変化と収縮の二つがあるのである。この二つが先に述べた、量子力学の「三つの要素」のBとCにあたり、Bはユニタリー・オペレータUによる変化である。

ところで、この確率オペレータは系に固有の一義的なものではなく、観測する変数の選択によって変わってくる。また情報を得るとは可能な区画の幅を狭めていくことである。この際、用意した観測装置で、より確定的な回答をする状態に、外部から能動的な働きかけで「操作」して、導くことができる。すなわち、「傍観者」ではなく「参加者」として、様々なUを作用させて制御できる。量子コンピュータなどの量子技術の進展は、この"重なったまま"状態を変化させる技術に負うているのである。

2-4 2量子状態──ビットとqビット

2量子状態

粒子の自転にあたる性質はスピンと呼ばれている。角運動量の次元は［作用］であり、量子論では角運動量の間隔はhより細かく識別できない。この量子論の考察から、回転軸をz軸にとれば最小のz成分の角運動量は、差がhだから、$\pm\dfrac{h}{2}$であると数学的に導かれる。

電子のスピンはある方向の角運動量が $\frac{h}{2}$ か $-\frac{h}{2}$ の何れかである。したがって、スピンを測定するとは２量子状態の何れであるかを判定することである。回転軸にスピンの向きが平行か、反平行かである。**図２−６**に見るように、軸が鉛直の場合、状態は「上下」、軸が水平の場合は「左右」と表現される。

z 軸方向の角運動量オペレータを J_z として、その固有値が $\frac{h}{2}$ の状態を $|0\rangle_z$、$-\frac{h}{2}$ の状態を $|1\rangle_z$ と書けば、

$$J_z|0\rangle_z = \frac{h}{2}|0\rangle_z, \quad J_z|1\rangle_z = -\frac{h}{2}|1\rangle_z$$

である。これらのベクトルは直交しており、

$$_z\langle 1|0\rangle_z = {_z\langle} 0|1\rangle_z = 0$$

である。いま、$\sigma_z = J_z / \left(\frac{h}{2}\right)$ というオペレータを導入すれば、

$$\sigma_z|0\rangle_z = |0\rangle_z, \quad \sigma_z|1\rangle_z = -|1\rangle_z$$

であり、σ_z の固有値は１と−１である。

ここで「回転軸」の方向が z 軸方向に固定されていることに違和感を感じたかもしれない。もちろん、二状態の方向は「上下」でなく「左右」でもよいし、コラム３に見るように一般の傾きの場合も考えられる。また「上下」の状態ベクトル（$|0\rangle_z$ と $|1\rangle_z$）と「左右」の状態は互いに重ね合わせで表される。いま「左右」の方向を x 軸方向にとると、「左右」の状態ベクトル（$|0\rangle_x$、$|1\rangle_x$）と「上下」

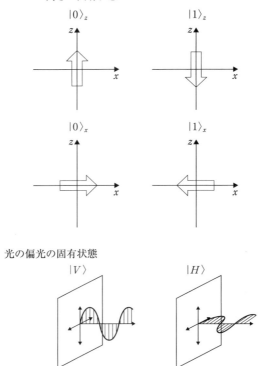

図2-6 2量子状態 スピンの向きの固有状態と光の偏光の固有状態。

状態ベクトルの関係は**コラム2**に示したようになる。

2量子状態の例としては、電子スピンのほかに、後に第2章2-6で述べる、独立な二つの光の偏光面の状態がある（図2-6）。

コラム2　スピンとパウリ行列

オペレータ σ_z と状態ベクトル $|0\rangle_z$、$|1\rangle_z$ は次の関係を満たす。

$$\sigma_z |0\rangle_z = |0\rangle_z, \quad \sigma_z |1\rangle_z = -|1\rangle_z$$

ここで、オペレータと状態ベクトルの行列表現を

$$|0\rangle_z \to \begin{pmatrix} 1 \\ 0 \end{pmatrix}, \quad |1\rangle_z \to \begin{pmatrix} 0 \\ 1 \end{pmatrix}, \quad \sigma_z = \begin{pmatrix} 1 & 0 \\ 0 & -1 \end{pmatrix}$$

のように対応させると、上の関係が再現できる。

角運動量の成分 J_i ($i=x, y, z$) を $\sigma_i = J_i / \left(\dfrac{\hbar}{2}\right)$ と書き換えると、量子力学的な角運動量成分が満たす関係式から、σ_i は、異なる i, j に対して、$\sigma_i \sigma_j = -\sigma_j \sigma_i$、$\sigma_x \sigma_y = i\sigma_z$ のようなサイクリックな関係を持つ。また $\sigma_i^2 = 1$ である。これらの関係を満たす、次のパウリ行列と呼ばれる行列表現が広く用いられている。

$$\sigma_x = \begin{pmatrix} 0 & 1 \\ 1 & 0 \end{pmatrix}, \quad \sigma_y = \begin{pmatrix} 0 & -i \\ i & 0 \end{pmatrix}, \quad \sigma_z = \begin{pmatrix} 1 & 0 \\ 0 & -1 \end{pmatrix}$$

したがって、次のような演算になる。

$$\sigma_x |0\rangle_z = |1\rangle_z, \quad \sigma_x |1\rangle_z = |0\rangle_z,$$
$$\sigma_y |0\rangle_z = i|1\rangle_z, \quad \sigma_y |1\rangle_z = -i|0\rangle_z$$

また、$\sigma_x |0\rangle_x = |0\rangle_x$、$\sigma_x |1\rangle_x = -|1\rangle_x$ という x 軸方向の角運動量の固有状態の状態ベクトル $|0\rangle_x$、$|1\rangle_x$ と $|0\rangle_z$、$|1\rangle_z$ の関係は次のように与えられる。

$$|0\rangle_x = \frac{1}{\sqrt{2}}(|0\rangle_z + |1\rangle_z) = \frac{1}{\sqrt{2}}\begin{pmatrix}1\\1\end{pmatrix},$$

$$|1\rangle_x = \frac{1}{\sqrt{2}}(|0\rangle_z - |1\rangle_z) = \frac{1}{\sqrt{2}}\begin{pmatrix}1\\-1\end{pmatrix},$$

$$|0\rangle_z = \frac{1}{\sqrt{2}}(|0\rangle_x + |1\rangle_x) = \frac{1}{\sqrt{2}}\begin{pmatrix}1\\1\end{pmatrix},$$

$$|1\rangle_z = \frac{1}{\sqrt{2}}(|0\rangle_x - |1\rangle_x) = \frac{1}{\sqrt{2}}\begin{pmatrix}1\\-1\end{pmatrix}$$

すなわち、「左右」の固有状態は「上下」の固有状態の重ね合わせ、「上下」の固有状態は「左右」の固有状態の重ね合わせ、なのである。

シュテルン・ゲルラハ効果

スピンは棒磁石のように磁場と作用するので、強さが空間的に変わる磁場の中に置かれると、スピンの向きに応じて反対方向の力が働く。したがって、運動する電子がこのような磁場装置を通過する際に、スピンの方向によって運動が違った方向に逸れる。すなわち、スピンの方向を運動の方向から知ることができるようになる。これはシュテルン・ゲルラハ効果と呼ばれる(**図2-7**)。

ここで、「上下」のスピンの方向と運動方向を分ける方向が同じ場合(図2-7(イ))は、確率1で何れかの方向に逸れるが、磁場装置で分ける運動方向がスピン方向と垂直である場合(図2-7(ロ))は、確率$\frac{1}{2}$で「左右」何れか

第 2 章　状態ベクトルと観測による収縮

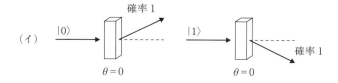

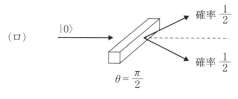

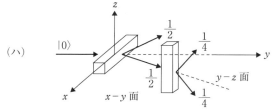

図 2−7　シュテルン・ゲルラハ効果　細長い四角の「磁場装置」棒に沿った方向に軌道が逸れる。
（イ）「磁場装置」棒の方向がスピンの状態と平行であれば、確率 1 で軌道は上または下に逸れる。
（ロ）「磁場装置」棒の方向がスピンの状態と直角であれば、軌道は確率 $\frac{1}{2}$ で左右に振り分けられる。
（ハ）（ロ）の場合の一方の軌道の先にさらに「磁場装置」棒を縦に置くと、そこで、確率 $\frac{1}{2}$ で、上下に振り分けられる。最初の 1 粒子を入射した場合、ここに達する確率は $\frac{1}{4}$ である。

の方向に逸れる。これは、コラム2に見るように、「上下」の固有状態が「左右」の固有状態の、対等な、重ね合わせだからである。

したがって、図2-7（ハ）のように、「左右」に振り分けられたうちの一つのビームの先にもう一つの磁場装置を垂直に置けば、三つの最終状態の確率は$\frac{1}{2}$、$\frac{1}{4}$、$\frac{1}{4}$となる。

2-5　エンタングル状態

複数の粒子系

お互いに空間的に分離することが可能な実体の複数個の系を考える。こうした複合系を表す状態ベクトルは個々の状態ベクトルの積で表される。例えばAとBから成る系のスピンσ_zの状態ベクトルは$|\Psi_{AB}\rangle = |\sigma_z\rangle_A |\sigma_z\rangle_B$のように独立な状態ベクトル$|\sigma_z\rangle_A$と$|\sigma_z\rangle_B$の積で表される。こう書くと、「$B$の状態だけ変化させる」という作用$U_B$が$U_B|\Psi_{AB}\rangle = |\sigma\rangle_A U_B|\sigma\rangle_B$のように、$B$にだけ及ぶことを表せる。

ビット、qビット

0、1の二つの記号（binary）のつながりで、文字、音声、映像の情報が表せることは身近な現代の情報技術で納得させられている。この2記号情報、すなわちビット情報を物

質的に実現するには、2状態の対象を多数個並べればよい。微小なサイズの古典的な磁石を多数並べて、それら磁石の向きの並びでビット情報を物理的に表現するのがハードディスクである。

古典的ビット状態では、$|0\rangle$なら$|1\rangle$でない、というように区分は峻別されている。ところが、電子のスピンや光子の偏りの量子力学的な2量子状態では、

$$|\psi\rangle = \alpha|0\rangle + \beta|1\rangle, \quad |\alpha|^2 + |\beta|^2 = 1$$

のような、重なった状態が可能である。このような状態をqビットという。

したがって、重なった状態にある、n個の複合系の状態は、個々のqビットの積で表されることになる。例えば2個なら、

$$(\alpha_A|0\rangle_A + \beta_A|1\rangle_A)(\alpha_B|0\rangle_B + \beta_B|1\rangle_B)$$
$$= \alpha_A\alpha_B|0\rangle_A|0\rangle_B + \alpha_A\beta_B|0\rangle_A|1\rangle_B$$
$$+ \beta_A\alpha_B|1\rangle_A|0\rangle_B + \beta_A\beta_B|1\rangle_A|1\rangle_B$$

のように、$|0\rangle_A|0\rangle_B$、$|0\rangle_A|1\rangle_B$、$|1\rangle_A|0\rangle_B$、$|1\rangle_A|1\rangle_B$の$2^2 = 4$つの状態の重ね合わせである。だから、n個なら2^n個の状態の重ね合わせになる。例えばnが100個なら$2^{100} \fallingdotseq 10^{30}$という膨大な状態数である。

古典的には、一つの存在（原子のセット）は一つの状態を表現できるだけだが、量子的には、一つの存在で膨大な数の状態を同時に表現できているのである。このために、一つの存在に対する一つの物理的操作で膨大な数の状態を同時に操作できることになる。これは、従来のコンピュータで、並列処理により処理時間を短縮する効果と同じもの

である。こうして量子コンピュータが処理速度の飛躍的向上をもたらすと期待されている。

ミクロ物理量とマクロ物理量の相関

EPR論文が注目したのは2個の粒子の複数の物理量の間の相関である。例えば、左右に走り出す2粒子の運動量 $(p, -p)$ とスピン $\left(\dfrac{h}{2}, -\dfrac{h}{2}\right)$ という二つの物理量の相関を考える。組み合わせには $\left(p, \dfrac{h}{2}\right)$、$\left(p, -\dfrac{h}{2}\right)$、$\left(-p, \dfrac{h}{2}\right)$、$\left(-p, -\dfrac{h}{2}\right)$ の4通りある。そしてpと$-p$という状態の差は時間が経つと空間的に十分離れるので「右側の粒子 (p)」と「左側の粒子 $(-p)$」というように古典的に区別可能な名付けができるようになる。名付けは事後的なものである。

すると4通りの状態は $|\dfrac{h}{2}\rangle_右$、$|-\dfrac{h}{2}\rangle_右$、$|\dfrac{h}{2}\rangle_左$、$|-\dfrac{h}{2}\rangle_左$ のように表される。ここで古典的に区別可能な「左」と「右」で名付けされた二体系の状態ベクトルを考える。2粒子が発生するときの合計スピンゼロの角運動量の保存則から、$|\dfrac{h}{2}\rangle_右 |-\dfrac{h}{2}\rangle_左$ と $|-\dfrac{h}{2}\rangle_右 |\dfrac{h}{2}\rangle_左$ の二つの状態が可能である。合計スピンゼロだから、均等に重なった二体系の状態ベクトルは

$$|\Psi\rangle_{左右} = \frac{|\frac{h}{2}\rangle_{右}|-\frac{h}{2}\rangle_{左} \pm |-\frac{h}{2}\rangle_{右}|\frac{h}{2}\rangle_{左}}{\sqrt{2}}$$

のようになる。だから、例えば右粒子のスピンを測ると、$\frac{h}{2}$ と $-\frac{h}{2}$ である確率は半々で、右粒子が $\frac{h}{2}$ なら左粒子は $-\frac{h}{2}$、右粒子が $-\frac{h}{2}$ なら左粒子は $\frac{h}{2}$ となることが分かる。

遠隔量子相関エンタングル

もし「右粒子も左粒子もスピン二状態の重なった状態」なら、二体系の状態は一般に

$$|\Psi\rangle_{二体} = \frac{\left(|\frac{h}{2}\rangle \pm |-\frac{h}{2}\rangle\right)_{左}\left(|\frac{h}{2}\rangle \pm |-\frac{h}{2}\rangle\right)_{右}}{2}$$

の形になるはずだが、前記の状態ベクトル $|\Psi\rangle_{左右}$ はこうした2粒子の積では表せない。$|\Psi\rangle_{二体}$ を展開した場合に現れる $|\frac{h}{2}\rangle_{左}|\frac{h}{2}\rangle_{右}$ と $|-\frac{h}{2}\rangle_{左}|-\frac{h}{2}\rangle_{右}$ が $|\Psi\rangle_{左右}$ には存在しないのである。このために $|\Psi\rangle_{左右}$ は $|\Psi\rangle_{二体}$ のように左右の q ビットの積では表せないのである。

この理由は、$|\Psi\rangle_{左右}$ の2個の粒子が、合計角運動量ゼロという条件のもとに発生したことにある。2個の粒子の状態が独立ではなく、左粒子と右粒子の間に「スピンは互いに反対向き」という強い相関があるのである。

すなわち2粒子発生のミクロな過程での保存則の結果が

左右というマクロに区別される状態に発展しても保持されているのである。すなわち「qビットの積で表せない」という一見数学的な性質は保存則というミクロ物理の法則性の現れなのである。このような物理的かつ数学的な特性をもつ量子状態はエンタングルしていると呼ばれている。

エンタングル（entangle）は「もつれ合っている」、「絡み合っている」というような意味の単語で、「解消したい関係が容易にほどけない」といったネガティブな意味合いもある。1935年のEPR論文に反応して書いたシュレーディンガーの「猫論文」に初登場した単語である。邦訳としては「量子もつれ」、「量子絡み」、「量子エンタングル」などあるが、本書では「エンタングル」とする。

量子系とマクロ系のエンタングル

「シュレーディンガーの猫」は崩壊する放射性元素というミクロ存在と猫というマクロ存在のエンタングルを指摘したものである。「元素」の崩壊がいつ起こるかは平均寿命という確率で与えられる量子力学の支配下にあるが、「崩壊」は必然的に猫の死をもたらす。「元素」の崩壊前状態$|前\rangle$が崩壊後は$|後\rangle$となり、猫の状態を$|生\rangle$、$|死\rangle$と書けば、観測前の「箱」の状態は次のようにエンタングルしている。$|\Psi\rangle_箱 = p|前\rangle|生\rangle + q|後\rangle|死\rangle$、 ここで崩壊寿命を$T$として、$|p|^2 = \exp\left[-\frac{t}{T}\right]$、$|p|^2 + |q|^2 = 1$。この場合のエンタングルは空間的というよりは量子的相関が時間的にマクロ存在に及ぶことを指摘したといえる。「猫」

は大げさだが、2012年ノーベル賞受賞のアロシュの実験は、マクロなサイズの箱（キャビティー）の中の1個の光子の存否を論じるキャビティーQEDであり、「シュレーディンガーの猫」を実現したと表現されている。

ミクロ二体系でのパラ、オルソ

量子力学は真っ先に原子や分子の内部状態を解明したが、水素原子の次のターゲットは水素分子とヘリウム原子であった。前者では核の陽子が2個あり、後者では電子数が2個である。ここで同じ量子状態をいくつの粒子が占められるかという量子統計が問題となる。1個しか占められないとするパウリ排他律に従うフェルミ・ディラック統計とそうでないボーズ・アインシュタイン統計が認識された。これによりミクロな存在の個別性は完全に否定されたことになり、個性的ないわば「髭をはやした電子」はないということである。これら複合系の安定状態を解く中で「二体」のエンタングルしたスピン状態が明らかにされていたのである。

分光学や化学でのパラ状態、オルソ状態という用語はスピン（水素分子では核スピン、ヘリウム原子では電子スピン）の反平行、平行のエンタングルした量子相関のことである。このミクロ世界に特有な「統計性」や「相関」は、ちょうど粒子・波動の二重性のように、珍獣の発見として受け入れざるを得ない。実際、パラ・オルソの分類なども原子分子を語る用語と思うと何の抵抗もない。"大騒ぎになる"のはこういうエンタングルがミクロ世界の檻を抜け

出してマクロにまで拡大するからである。

マクロの距離でもミクロ起因の相関が残り、$|\Psi\rangle_{左右}$の右粒子の測定が$\frac{h}{2}$であれば、遠方の左粒子も$-\frac{h}{2}$に収縮するという相関を生真面目に実行する。また「猫実験」のようにミクロの重なった状態がマクロの猫の生死の重なった状態に感染する。さらに「傍観者」でなく、「参加者」のマクロ操作で重なったミクロ状態を超並列的に操作することができ、量子コンピュータが作れるかもしれないのである。

2−6 光子の偏光状態

光子の「二状態」——電磁場の方向

光は振動する電場と磁場からなる電磁波であり、ベクトルである電場と磁場の方向は互いに直交し、光の進行方向に垂直な面内にある。いま、進行方向をz軸にとり、それに垂直な面内で、水平方向をx軸、鉛直方向をy軸にとる。電磁場の振動面が一定の線形偏光の場合を考えれば、電場ベクトルE(E_x, E_y)は

$$E(x,\ t) = A(\cos\theta e_x + \sin\theta e_y)\exp[i(\omega t - kz)]$$

の実数部分で与えられる。ここで、θはx軸からの角度である。

e_xとe_y方向の偏りの二基底ベクトルを$|H\rangle$、$|V\rangle$と書

けば、x 軸から θ だけ傾いた二つの線形偏光の状態 $|H(\theta)\rangle$ と $|V(\theta)\rangle$ は

$$|H(\theta)\rangle = \cos\theta\,|H\rangle + \sin\theta\,|V\rangle$$
$$|V(\theta)\rangle = -\sin\theta\,|H\rangle + \cos\theta\,|V\rangle$$

逆に解いて

$$|H\rangle = \cos\theta\,|H(\theta)\rangle - \sin\theta\,|V(\theta)\rangle$$
$$|V\rangle = \sin\theta\,|H(\theta)\rangle + \cos\theta\,|V(\theta)\rangle$$

で与えられる。$|H\rangle$ は横(horizontal)状態、$|V\rangle$ は縦(vertical)状態を表している。また $\theta = \dfrac{\pi}{4}$ の $\dfrac{|H\rangle + |V\rangle}{\sqrt{2}}$ は対角上状態、$\theta = -\dfrac{\pi}{4}$ の $\dfrac{|H\rangle - |V\rangle}{\sqrt{2}}$ は対角下状態とも呼ばれる。

偏光板

$|H\rangle$ 状態の光子が θ だけ傾いた偏光板に入射すると、通過する確率は $\langle H|H(\theta)\rangle\langle H(\theta)|H\rangle = \cos^2\theta$ であり、残りの $\sin^2\theta$ は反射される。偏光板通過とはその方向の偏光「区分」に合致したことの「測定」だから、通過後の光子の偏光状態は $|H\rangle$ から $|H(\theta)\rangle$ に「収縮」する。式のように $|H\rangle$ は $|H(\theta)\rangle$ と $|V(\theta)\rangle$ の重なった状態であり、スルッと通過する $|H(\theta)\rangle$ の確率が $\cos^2\theta$ である。

次に、この通過光 $|H(\theta)\rangle$ を水平な偏光板に入射すると、$|H(\theta)\rangle$ は再び $|H\rangle$ に戻る。ただし、2回の通過の確率は $\cos^2\theta \cos^2\theta$ である。一方、反射の確率は $\sin^2\theta + \cos^2\theta \sin^2\theta$ であり、全体で 1 である。

一般に$|H(\alpha)\rangle$状態の光子が偏光板$|H(\beta)\rangle\langle H(\beta)|$を通過する場合の確率は

$$\langle H(\alpha)|H(\beta)\rangle\langle H(\beta)|H(\alpha)\rangle = \cos^2(\alpha-\beta)$$

のように、相対的な角度$\alpha-\beta$で決まっている。

行列表示

二状態の状態ベクトルは、次のような対応で、行列の数学的表式で表すことができる。

$$|H\rangle \rightarrow \begin{pmatrix}1\\0\end{pmatrix}, \quad |V\rangle \rightarrow \begin{pmatrix}0\\1\end{pmatrix}$$

この表式を用いれば、次のような対応になる。

$$|H(\theta)\rangle \rightarrow \begin{pmatrix}\cos\theta\\\sin\theta\end{pmatrix}, \quad |V(\theta)\rangle \rightarrow \begin{pmatrix}-\sin\theta\\\cos\theta\end{pmatrix}$$

また、この表式での演算は

$$\langle H(\theta)|V(\theta)\rangle = (\cos\theta, \ \sin\theta)\begin{pmatrix}-\sin\theta\\\cos\theta\end{pmatrix}$$

$$= -\cos\theta\sin\theta + \sin\theta\cos\theta = 0$$

となり、互いに直交することが分かる。

2−7 スピンを斜めに測る

スピンの空間方向

次にスピンを斜めに測ることを考える。スピンの方向と測定の方向のずれの角度をθとする。独立な、直交する光

の偏光面の二状態と同じく、**コラム3**に見るように、測定方向の基準状態 $|0(\theta)\rangle$ と $|1(\theta)\rangle$ は、$|0(0)\rangle$ と $|1(0)\rangle$ の重なり合った状態で表される。偏光の場合と異なって、実空間での π の回転で、状態ベクトルが直交する点に注意する必要がある。

この直交性の条件を考慮して、状態ベクトルの重なりは次のように表される。

$$|0(\theta)\rangle = \cos\frac{\theta}{2}|0\rangle - \sin\frac{\theta}{2}|1\rangle$$

$$|1(\theta)\rangle = \sin\frac{\theta}{2}|0\rangle + \cos\frac{\theta}{2}|1\rangle$$

あるいはこれを逆に解いて

$$|0\rangle = \cos\frac{\theta}{2}|0(\theta)\rangle + \sin\frac{\theta}{2}|1(\theta)\rangle$$

$$|1\rangle = -\sin\frac{\theta}{2}|0(\theta)\rangle + \cos\frac{\theta}{2}|1(\theta)\rangle$$

が得られる。煩雑さを避けるために、$|0(0)\rangle$、$|1(0)\rangle$ を $|0\rangle$、$|1\rangle$ と書く。

斜めに測る

イメージし易くするため、次のように振る舞うスピン測定棒を想定しよう。棒の一端には「上向き」電灯、他端には「下向き」電灯が付いている。測定のレスポンスは、電灯の何れかが点灯することで現れる。そして必ず何れかが点灯する。

z 軸から θ 傾けた測定棒で「上向き」が点灯する確率の

オペレータは $|0(\theta)\rangle\langle 0(\theta)|$ である。いま、上向きの $|0\rangle$ 状態にあるスピンを、斜めに置いた測定棒で測定するとすれば、測定棒の「上向き」が点灯する確率は

$$\langle 0|0(\theta)\rangle\langle 0(\theta)|0\rangle = \cos^2\frac{\theta}{2}$$

「下向き」が点灯する確率は

$$\langle 0|1(\theta)\rangle\langle 1(\theta)|0\rangle = \sin^2\frac{\theta}{2}$$

である。

いくつかの角度 θ での確率を見ておく。$\theta=0$ なら、上向き（$|0\rangle$）が確率1、下向き（$|1\rangle$）は確率0。$\theta=\frac{\pi}{2}$ なら、上向きが確率 $\frac{1}{2}$、下向きが $\frac{1}{2}$。$\theta=\pi$ なら、上向きが確率0、下向きが1である。高校の三角関数で有名な $\cos 60$ 度 $=\frac{1}{2}$ を使うと $\left(60\text{度}=\frac{\pi}{3}\text{だから}\right)$、$\theta=\frac{2}{3}\pi$ なら、上向きの確率が $\frac{1}{4}$、下向きの確率が $\frac{3}{4}$ である。スピンの方向と測定の方向のずれの角度 θ が増加するにつれて、上向きである確率が単調に減少していくことはもっともらしい結果である。

確率的に測定

次に、予め分からないスピンの方向を、測定棒を使って、測定する手法を考えてみよう。

一定のスピン状態にある試料を多数準備する。測定棒をz軸から角度αだけ傾け、そこで多数回測定し、例えば「上向き」点灯の回数を数える。これを様々なα（ある有限の幅にあるαの範囲）において行い、各々での点灯回数をヒストグラムのグラフに描く。このグラフで確率が最大となる角度がβであったとする。前述の理論を下敷きにすると、$\theta = \alpha - \beta$の$\theta = 0$で確率が最大だから$\alpha = \beta$となり、準備した状態はz軸から角度βだけ傾いているのだと推定できるのである。

　このように、量子力学的な測定というのは、実験装置（いまの場合は「測定棒」）のパラメータ（いまの場合はα）を変えて多数回測定を繰り返すことである。この測定で得られる統計的データと量子力学で計算される確率とを比較して、目的とする測定値（いまの場合はβ）が得られるのである。

コラム3　傾いたスピンの状態ベクトル

z 軸に平行―反平行のスピンの状態ベクトルを空間ベクトル $\vec{n}$ の周りに θ だけ傾ける次のユニタリー変換を考える。

$$U(\vec{J}\cdot\vec{n}, \theta) = \exp[-i\vec{J}\cdot\vec{n}\,\theta/h] = \exp[-i\vec{\sigma}\cdot\vec{n}\,\theta/2]$$

上式のテイラー展開をすると次のように書ける。

$$U(\vec{\sigma}\cdot\vec{n}, \theta) = \cos\frac{\theta}{2} - i\vec{\sigma}\cdot\vec{n}\sin\frac{\theta}{2}$$

ここで n の方向を y 軸方向にとると

$$U(\sigma_y, \theta) = \begin{pmatrix} \cos\frac{\theta}{2} & -\sin\frac{\theta}{2} \\ \sin\frac{\theta}{2} & \cos\frac{\theta}{2} \end{pmatrix}$$

z 軸に平行―反平行のスピンの状態ベクトルの行列表現を

$$|0\rangle \to \begin{pmatrix} 1 \\ 0 \end{pmatrix}, \quad |1\rangle \to \begin{pmatrix} 0 \\ 1 \end{pmatrix}$$

と書けば、z 軸に θ だけ傾いたスピンの状態ベクトルは、$U(\sigma_y, \theta)$ を用いて、

$$|0(\theta)\rangle \to \begin{pmatrix} \cos\frac{\theta}{2} \\ \sin\frac{\theta}{2} \end{pmatrix}, \quad |1(\theta)\rangle \to \begin{pmatrix} -\sin\frac{\theta}{2} \\ \cos\frac{\theta}{2} \end{pmatrix}$$

と表されることが分かる。

第3章

量子力学実験
——干渉とエンタングル

3−1 干渉実験──二重スリットとマッハ・ツェンダー干渉計

二重スリット実験での波動と粒子

図2-3の二重スリット実験で見られる干渉効果は、まず光の波動説で説明された。しかし、1905年、アインシュタインは光電効果での光と電子の作用を説明するため光の粒子説を提唱した。ハイテクの進歩で、1個ずつ粒子(光子や電子)をだすことも可能になり、今では、干渉縞は量子力学の確率分布であることが実験で示されている。

二つのスリットを出た二つの状態ベクトル$|\psi_1\rangle$と$|\psi_2\rangle$の重ね合わされた状態ベクトルは、

$$|\Psi\rangle = \frac{|\psi_1\rangle + |\psi_2\rangle}{\sqrt{2}}$$

で表せる。スクリーン上の位置xでの確率は、

$$P(x) = \langle\Psi|x\rangle\langle x|\Psi\rangle$$
$$= 1 + \frac{\langle\psi_1(r_1(x))|\psi_2(r_2(x))\rangle + \langle\psi_2(r_2(x))|\psi_1(r_1(x))\rangle}{2}$$

に比例する。**図3−1**のキャプションで説明するように、この確率分布$P(x)$は図2-3の波動の干渉パターンと同じものである。

図3−2は電子を用いた干渉実験の実験装置である。粒子数を増していくと、図3−1のように確率分布$P(x)$に比例する分布に近づいて、縞模様がくっきりと現れてくる。

第3章　量子力学実験——干渉とエンタングル

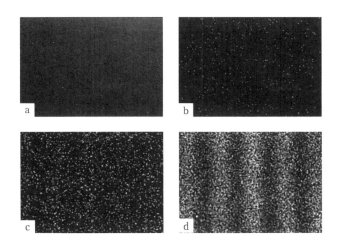

図3－1　状態ベクトルでの干渉項の計算　二つのスリット上の状態ベクトルは同じ$|\psi_0\rangle$であるが、二つのスリットから同じスクリーン上の位置xまでの位置移動のユニタリー変換は異なっており、各々$|\psi_1\rangle$と$|\psi_2\rangle$となる。ここでコラム1のユニタリー変換$U=\exp[-ip\cdot r/h]$を用いると$|\psi_i\rangle = U(r_i)|\psi_0\rangle = \exp[-ipr_i/h]|\psi_0\rangle$である。したがって$\langle\psi_2(r_2(x))|\psi_1(r_1(x))\rangle = \exp[ip(r_2(x)-r_1(x))/h]$のようになり、ここで図2－3のような$L \gg d$, xの近似ができる領域では、$\Delta\theta(x)=kxd/L$として、$\langle\psi_2(r_2(x))|\psi_1(r_1(x))\rangle = \exp[i\Delta\theta(x)]$となり、確率$P(x)$は$(1+\cos\Delta\theta(x))$に比例する。

　ここでは規格化された確率の議論はしていない。このためにはスリットの間隔dに加えて穴を有限の大きさaとして、穴の各所からのx地点までの距離の差も考慮した重ね合わせを計算しなければならない。その結果、$x=0$を中心とした幅$2L\lambda/a$の広い包絡線の関数($\sin^2(kxa/2L)/kx$に比例)が干渉項$(1+\cos\Delta\theta(x))$にかかってくる。スクリーン上全体のxで確率を規格化するにはこの効果を考慮しなければならない。$kx \ll 1$、$a \ll d$という条件下では包絡線関数はほぼ一定なので、確率が$(1+\cos\Delta\theta(x))$に比例する。

粒子数は図3-1aでは10個、bで100個、cで2万個、dで7万個である。

　干渉縞は人間の目にはスクリーン上の明暗として、あるいはスクリーンに置かれた写真乾板に撮像された画像として認識される。これらの場合は露出時間が十分長いので、その時間内に多数個の粒子がスクリーンにヒットし、その集積データをまとめて見ているのである。人間の視覚の時間分解能は約50～100ms程度であり、この間に多数の光子がヒットすることから縞模様に見えるのである。テレビや動画は1秒間に30コマぐらい静止画を切り替えることで、滑らかな変動に見えるのと同じである。

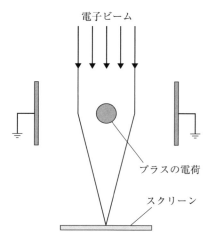

図3-2　電子の干渉実験装置。電子の場合にはスリットではなく、図のように上から下に向かう電子ビームの途中に●の部分をプラス電位にして接地した電極との間を通過する。このために二つの異なる経路の電子波がスクリーンに達する。

第3章　量子力学実験——干渉とエンタングル

ビームスプリッターとマッハ・ツェンダー干渉計

　二重スリット実験と並んで光の干渉を見る実験装置にマッハ・ツェンダー干渉計（MZ干渉計）がある（このマッハは第1章の「プランクのマッハ批判」のエルンスト・マッハの息子のルードビヒ・マッハである）。入射光を半透明の鏡で二つの経路に分けるビームスプリッター（BS）という光学素子が発明され、19世紀末から使われている。第1章冒頭に記したマイケルソン・モーレー型干渉計の主役もBSであった。

　図3-3のMZ干渉計では、入射した光がBS_{in}で二つの経路に分けられ、上回りの経路1または下回りの経路2を通った後にBS_{out}で合わせられ、光検出器D_1、D_2で測定される。**図3-4**で見るように、BSは入射した光を二つに分ける機能を持つとともに、二つの経路から入った光を一つの経路にまとめる機能を持っている。したがって光はD_1で全部検出され、D_2には達しない。

　次に、**図3-5**のように、経路1に位相を変化させる装置PSを挿入したMZ干渉計を考える。こうするとBS_{out}には様々に位相の違った二つの光を入射できる。様々な位相差ごとに多数個の光子を入射してD_1とD_2で測定する実験を行うのである。ここで「測定」とは各々の検出器をヒットした回数をカウントすることである。

　いまBS_{out}を挿入しないで実験したとする。この場合はPSで位相を変化させても、D_1とD_2でカウントされる数は同じである。位相を変えても強度に変化がない。すなわち、BS_{in}で半分に分けられたものがそのまま検出されると

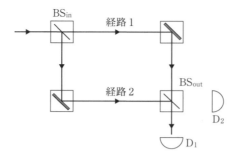

図3-3 MZ(マッハ・ツェンダー)干渉計 入射のビームスプリッター(BS_{in})で二手に分かれたビームはビームスプリッター(BS_{out})で合わせると、干渉効果で検出器D_1にだけ達して検出器D_2には達しない。

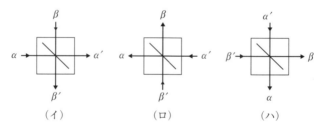

図3-4 ビームスプリッターBS作動のユニタリー変換Uによる表現 鏡の向きが(イ)のようなBSへの入射口は2通りあり、$|0\rangle$を左からの入射、$|1\rangle$は下向きの入射として、一般の入射の状態は$|\psi\rangle = \alpha|0\rangle + \beta|1\rangle$と表される。図3-3のMZ干渉計の$BS_{in}$の場合は$\alpha=1$、$\beta=0$である。BSは入射状態$|\psi\rangle$を新たな状態$|\psi'\rangle = U|\psi\rangle$に変化させる。ここで$U$はユニタリー変換であり、$\langle\psi'|\psi'\rangle = \langle\psi|U^\dagger U|\psi\rangle = \langle\psi|\psi\rangle = 1$だから$U^\dagger U = 1$である。

二状態の場合を行列で表記すれば$|\psi\rangle = \alpha|0\rangle + \beta|1\rangle$が$|\psi'\rangle = \alpha'|0\rangle + \beta'|1\rangle$に変化させるBSの機能からして例えば次のように表せる。

$$\begin{pmatrix} a' \\ \beta' \end{pmatrix} = \frac{1}{\sqrt{2}} \begin{pmatrix} 1 & -1 \\ 1 & 1 \end{pmatrix} \begin{pmatrix} a \\ \beta \end{pmatrix}$$

MZ干渉計のような入射では$|\psi'\rangle = (|0\rangle + |1\rangle)/\sqrt{2}$となる。$U$は$U^\dagger U = 1$の条件からは位相の不定性が残るので、$U$の表示は一義的でなく色々なものがある。

BS_{in}とBS_{out}の関係は図のように捉えられる。BS_{in}の図（イ）を時間逆転で見れば図（ロ）のようになる。これを反時計回りに90度回転させ、鏡の向きを揃えるために上下軸の周りに180度回転させれば図（ハ）のBS_{out}の配置になる。BS_{in}に左から入射することはBS_{out}では下に出ることになる。

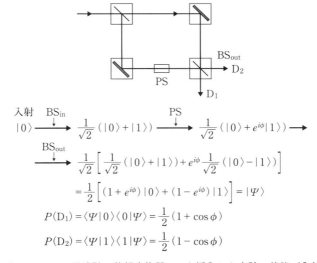

図3-5 MZ干渉計に位相変換器PSを挿入した実験 状態が入射の$|0\rangle$からBS_{in}通過後、位相変換器PS通過後、BS_{out}通過後にどう変化するかを示した。BS_{out}通過後の状態を検出器D_1とD_2で測定した場合の確率は各々$P(D_1)$と$P(D_2)$で与えられる。$P(D_1) + P(D_2) = 1$であるから、D_1とD_2の何れかで必ず検出される。

考えられる。

ところが、BS_{out} を挿入すると位相差の変化に応じて D_1 と D_2 のカウント数が図3-5に記した $P(D_1)$、$P(D_2)$ のように変化する。

遅れた選択実験

次に再び PS のない図3-3の MZ 干渉計を考える。いま BS_{out} を外して光子を1個ずつ入射するとする。BS_{in} で半々の確率で上下の経路に振り分けられ、個々の光子が何れの経路を通ったかは、D_1 あるいは D_2 での検出でチェックされる。しかし BS_{out} を挿入すると、干渉効果によって光子は全て D_1 に導かれて、D_2 にはこなくなる。この干渉が起こるためには、両方の経路を通ったとせねばならない。BS_{out} がないと存在していた「何れの経路?」の情報は、BS_{out} の挿入でその情報が消されたように見える。「BS_{out} あり実験」と「BS_{out} なし実験」の区別を BS_{in} 通過時に光子は知っているかのようである。なぜなら、「BS_{out} なし実験」の「何れの経路?」情報は BS_{in} 通過時にすでに決まっていると思えるからである。

こうした疑念に実験で決着をつけるには、まず BS_{out} を外しておいて、BS_{in} 通過後に"遅れて"BS_{out} を挿入する「遅れた選択実験」をやってみればよい。動作の速いスイッチングなどの技術の進歩で、この実験が可能になっている。実験の結果は、どちらでも差は見られなかった。

この結果が示唆することは、両方の経路を通った履歴をもつ存在が両方の検出器にまで届いており、何れかの検出

器が確率的にそれをカウントするのだということである。BS_{out} を挿入しない実験では、各イベントの間に存在する貴重な秩序情報（干渉縞）をすくい損ねたと見なされる。すなわち、BS_{out} を挿入する「参加者」の介入で現象をより包括的に捉えられたのだと見ることもできる。「参加者」がセットする実験により、見える「自然」は異なるのである。

集積データに見られる秩序

　二重スリットや MZ 干渉計での干渉は、当初は波動光学で理解された。その場合には電磁場というエネルギーを伴った空間的に広がった場に起こる波動であった。しかし、現在、これらの干渉は光子というエネルギーを持つ粒子に起こるものとして理解されている。1個ずつ放出する実験を多数回繰り返して得られる集積データに干渉効果が見られるからである。干渉効果はあくまでも同一光子の異なった履歴による位相差に由来する。一度に多数の光子が放出される実験で別の光子と干渉するのではなく、自分自身と干渉しているのである。ただし1回ごとに干渉縞という性質が見られるのではなく、同じ条件での多数回実験の集積データに見られる統計的な性質である。個々にはランダムに（無秩序に、偶然に）見えるが、多数回の集積データに干渉という秩序が見られるのである。

3−2 「どちらを通ったか」をチェック──KYKS実験

干渉用光子と監視用光子のエンタングル

KYKS実験(Yoon-Ho Kim, Rong Yu, Sergei P. Kulik, Yanhua Shih, Phys. Rev. Letters, vol.84, 1 〈2000, Jan.3〉)の実際の配置は図3−8のようであるが、その前に、この実験の構想をステップを追って見てみる。

二重スリット実験において、何れのスリットを光子が通ったかをチェックする修正二重スリット思考実験を考える。先述したように、干渉は「履歴」の差に由来する。スリットの代わりに、**図3−6**(A)のように二つの原子を置き、各々の原子で散乱された光をスクリーンで再び合わせることで「履歴」に差をつける。図の左下に、原子のエネルギー準位が描かれている。原子内は入射光を吸収して、いったんは下の準位bから上の準位aに遷移するが、すぐにbに戻るので、この散乱作用の履歴は証拠として原子内に残らない。この思考実験の量子力学による結果の予測では、スクリーン上の位置xの検出器D(x)の集積データには干渉が見られる。

次に図3−6(B)のように、原子の初期状態をcにセットし、入射光と作用させるといったん状態cから状態aに遷移するが、直ぐに状態bに遷移する原子であるとする。放出された入射光よりエネルギーの小さい光がスクリーンに向かい、原子は初めのcからbに変わっているので、散

第3章 量子力学実験──干渉とエンタングル

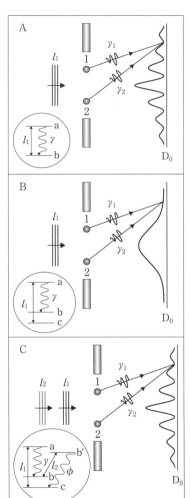

図3-6 修正二重スリット実験
"二つのスリット"は光を散乱する"二つの原子"になっている。「スリット」の役目はスクリーンD_0に達する距離に差をつけることであり、二つの原子からの散乱光γ_1とγ_2に位相差が生ずるので干渉縞ができる。散乱を起こす原子内のメカニズムによっては判別できる場合がある。図Aの場合、左下の図に示すように、入射光l_1によって原子の元の状態bから状態aに遷移し、すぐに状態bに戻りその際に散乱光γを放出する。このAの場合は何れの原子にも散乱の痕跡を残さない。そしてこの場合は干渉縞が見られる。図Bの場合は、入射光l_1で原子の元の状態cから状態aに遷移し、すぐに状態bに遷移して散乱光を放出する。このために原子の内部状態は散乱した原子と散乱しない原子で差が出来るので「何れで散乱」の痕跡を残す。この場合、干渉縞は見られない。ところが痕跡が残ったBの場合に引き続いて図Cのように、第二の入射光l_2を入射すると、状態bにあった原子がそれを吸収して中間状態b'を経由して元の状態cに戻すことができる。これで原子に残された散乱の痕跡は消去されるが、状態b'から状態cへの遷移での放出光φが何れの原子から出たかを判別すれば散乱した原子が特定される。この「特定」をしなければ干渉縞は見え、「特定」すれば干渉縞は見られない。

115

乱の証拠を散乱した原子に残すことになる。エネルギーからいって、この現象は片方の原子でしか起こり得ないから、後で原子の状態を調べれば何れの原子で散乱が起こったかチェックできる。量子力学の計算ではこの場合は干渉が起こらないと予測する。

検出器の配置ではなくデータ解析の仕方

三番目の図3-6 (C) では、左下の原子エネルギー準位に示したように、図3-6 (B) でb状態にある原子に第二の光を入射してb′状態を中継させて初期の状態cに戻す。こうして図3-6 (B) のように原子の中の証拠は消えたが、2回目に出る光子ϕ（カスケード光子）が何れの原子から出たかを突き止めれば、散乱した原子は判明する。

図3-6 (C) の実験を模式的に描いたのが**図3-7**である。ϕ光子は3個のBSを通って4個の光子カウンターに導かれる。D_3とD_4で計測された場合は各々原子1と原子2からのϕ光子であると確認される。それに対しD_1、D_2に計測されるイベントは、何れの原子からのϕ光子であるかの情報は消されている。

量子力学による理論的予測は次のようである。$D_0(x)$による計測イベントの中でD_3とD_4との同期イベントを選びだせば干渉は見られないが、$D_0(x)$の計測イベントの中でD_1、D_2と同期イベントを選びだせば干渉が見られる。すなわち$D_0(x)$による全計測イベントの中から、ある条件を満たすものを選びだすと、干渉が認められるのである。「何れを通ったか？」をチェックするように検出器を配置

第3章 量子力学実験──干渉とエンタングル

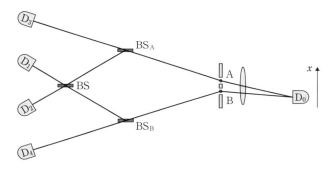

図3-7　修正二重スリット実験での機器の配置図　図3-6(C)で原理を説明した実験での検出器、D_0、D_1、D_2、D_3、D_4 およびビームスプリッター BS、BS_A、BS_B の配置図。散乱光 γ はスクリーン上で D_0 の位置 x を変えながら検出される。放出光 φ は図のようにビームスプリッターを通過後に検出器 D_1、D_2、D_3、D_4 で検出される。同一の光子 I_1 に起因する散乱光 γ と放出光 φ であることは検出された時刻で識別でき、これを同期イベントと呼ぶ。検出器は各々で検出された時刻を記録する。多数個の入射光子の検出器によるデータが蓄積される。D_0 での計測イベントの中から D_3 と D_4 との同期イベントを選びだせば干渉は見られない。一方、D_1、D_2 に計測されるイベントは何れの原子かの情報は消されている。そこで D_0 での計測のうちでこの D_1、D_2 同期イベントのものを選びだせば干渉が見られる。

したか、していないか、で干渉の有る無しが決まるのでなく、データ取得が終わった後のデータの解析の仕方の段階で、「干渉の有る無し」が決まるのである。これが量子力学の理論的予測なのである。

SPDC によるエンタングル2光子と KYKS 実験

　図3-6の実験の核心は、スクリーンに達する干渉用光子γと監視用のカスケード光子φがエンタングルしていることである（第2章2-5）。別々の光子だが監視用光子φのデータの扱いの違い（どのデータとの同期をとるかの違い）によって干渉用光子の現れ方にも影響がでる。これは原子内での一連の繋がった過程で発生した2光子であるために、違った場所に離れていても、お互いに強い相関のもとにあることを示している。

　図3-6の実験で肝心なのは、監視用光子がカスケード光子である必要はなく、一つの入射光でエンタングルした2光子が発生して、その一つを干渉用、もう一つを監視用

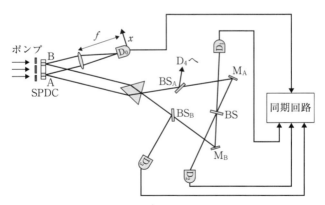

図3-8　KYKS 実験の配置図　干渉用光子はスクリーン上の D_0 (位置が x) で検出され、監視用光子はビームスプリッターの系に導かれて D_1、D_2、D_3、D_4 で検出される。M_A と M_B はミラー。
（出典：Yoon-Ho Kim, Rong Yu, Sergei P.Kulik, Yanhua Shih, Phys. Rev. Letters, vol. 84, 1 (2000, Jan.3)）

第3章　量子力学実験——干渉とエンタングル

の光子に見立てることである。したがって、図3-6の実験は**図3-8**の配置のKYKS実験で実現することができる。ここでは左からの入射光は、二つのスリットの背後にSPDC（後の123pで説明）が置かれる。エンタングルした2光子は出る方向が違うので、一方を干渉光子、他方を監視光子として、目的の計測器に導くことができる。

図3-8の実験で実際に得られた結果を**図3-8 (a)**〜**(c)**の三つのグラフに示した。まず他の計測器の条件を一切つけないD_0での全体のイベント数を図3-8 (b) に黒四角印で示す。xの観測範囲でほぼ一定である。

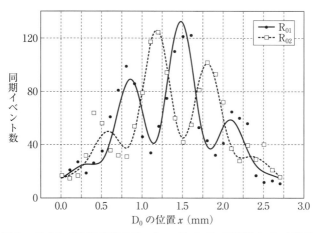

図3-8 (a) KYKS実験のデータa D_0とD_1の同期イベント数R_{01}とD_0とD_2の同期イベント数R_{02}をD_0の位置x（横軸）に対してプロットした。監視用光子はビームスプリッターBSで合わされて、「どちらを通った」の履歴が消えたので、干渉縞が見られる。R_{01}とR_{02}の干渉縞のパターンは位相がπだけずれているのは、BSでの反射・透過の差に起因する。位相差とxの関係は図3-1の説明の後半参照。

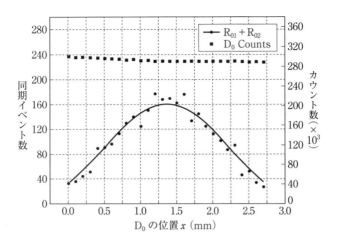

図3−8（b） KYKS実験のデータb 上の黒四角印のプロットはD_0のカウント数（目盛りは右の縦軸）。ほぼ一定である。下の曲線はデータaのR_{01}とR_{02}の合計$R_{01}+R_{02}$をプロットした（目盛りは左の縦軸）。

次にD_3、D_4に計測されるイベントでは、どちらかを通ったことが確認できるものであり、図3-8（c）のように干渉は現れない。それに対してD_1、D_2に計測されるイベントでは図3-8（a）のように干渉が現れる。ただし干渉のパターンの位相がπだけズレており（BSでの反射・通過での位相変化に起因）、異なる条件のもとに集計したイベントであることが分かる。これら二つを合算すれば、図3-8（a）の干渉縞に見られる山と谷がお互いに埋めあって、図3-8（b）の黒丸印で示したようになり、干渉縞は消え

第3章 量子力学実験——干渉とエンタングル

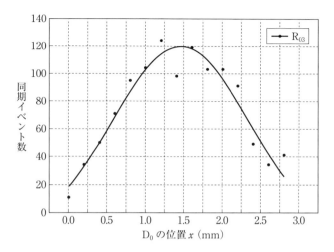

図3−8（c） KYKS 実験のデータc D_0 と D_3 の同期イベント数 R_{03} をプロット。監視用光子で「何れを通ったか」が特定されているので干渉縞は見られない。

る。

　ここで三つのグラフの縦軸の数値の違いにも注意してみると、全カウント数（図3-8（b）の右の縦軸）やその他の各々の「同期イベント数」の意味を再確認することができる。

何が不思議か？

朝永振一郎の「光子の裁判」（『量子力学と私』岩波文庫、『鏡の中の物理学』講談社学術文庫に所載）は「建物に侵入したのは二つの窓の何れか」との検察の尋問に「二つの窓の両方をいっしょに通って室内に入ったのです」と言い張る波乃光子（なみのみつこ）なる被告人の迷言を、その証言は正しいとディラックらしい弁護人が説得する筋書きになっている。

二重スリットでも MZ 干渉計でも、1 個の粒子が「両方をいっしょに通った」あるいは「同じ地点に着くまで（位相差ができる）二つの履歴をたどった」ことが奇怪なのは、1 個の粒子は空間的にいくつもの場所を同時に占めることはあり得ないと思うからである。その反面、ミクロの存在の粒子・波動二重性を聞くと「それもありか？」という気にもなる。ミクロの存在は空間的にキリッと引き締まった「粒子」でなく、広がりを持つ「波動」をイメージするからである。こうしてミクロの世界の奇怪な珍獣を素直に受け入れようという気分にもなるが、それは安易すぎる。

KYKS 実験と ZWM 実験（第 3 章 3–4）は、各々二重スリットと MZ 干渉計で、「二つの経路の何れを通った」かをチェックする実験である。ところで図 3–6（A）で見るように、散乱にはエネルギーを使って原子をいったん励起する必要がある。しかし干渉を起こすには 2 個同時に励起しなければならない。これには光子 2 個分のエネルギーを要する。エネルギー保存から、それは不可能である。量子力学では、確率 2 分の 1 で「両方」なのだからエネルギー

は1個分で済むとする。この量子力学の不思議は珍獣の「広がり」では絶対に解消できないものである。

　もう一つの不思議とは、「何れか？」をチェックすると干渉効果が消えるのはいいとして、いったんチェックする観測を行ってデータをとっても、再び混ぜ合わせると干渉が復活することである。あたかも観測「される側」が観測「する側」を観測しているような構図である。この不思議を利用した、「量子消しゴム」と呼ばれる実験を後（129p）に見る。

3-3　HOM実験

SPDC（自然放出パラメトリック下方変換）

　本論に入る前に、新しく登場した光学デバイス「SPDC」の説明をしておく。SPDC(spontaneous parametric down conversion) は強力なレーザー光を入射してエンタングルした2光子を放出する結晶である。多くのコヒーレントな光子が結晶内の状態を変えた中で1個の光子が2光子に分かれるものである。1個ずつの光子が独立に結晶から受ける作用ではないので非線形光学現象と呼ばれる。レンズやBSなどの光学機器では各光子が独立に結晶の作用を受けるので、線形光学現象と呼ばれている。

　SPDCでは約100万個の光子入力に1回の割合で、2光子発生が起こるに過ぎない。多くの光子は入射の際と同じ

エネルギーで出ていく。発生した2光子のエネルギーは違う場合もあるが、同じエネルギーの2光子発生が実験でよく使われる。

HOM実験

MZ干渉計ではBSへの1個の光子を入射するが、ここではBSに2個の光子を入射することを考える。もしこれらが独立な光子なら、1個の入射で確率的に二方向に分かれる現象が二つ起こるだけである。しかし**図3−9**のように、SPDC（図ではDCと表記）で発生するエンタングル2光子をそのままBSの二つの入り口に導くと、2光子の干渉が起こるのである。

HOM実験では図3−9のように、BS通過後の二つの出口に検出器を置いて、各々でのヒットの同期イベントのデータを取る。実際の実験では、二つの経路の長さを微小に変化させて同期イベントの条件をサーチする。すると、

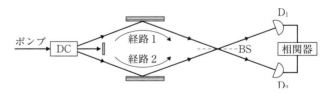

図3−9 HOM実験 SPDC（DC、自然放出パラメトリック下方変換、Spontaneous Parametric Down Conversion）で発生したエンタングルした光子はビームスプリッターBSで合わせられた後に検出器D_1とD_2で検出し、相関器で同期イベントの判定を行う。
（出典：C. K. Hong, Z. Y. Ou, L. Mandel, Phys. Rev. Letters, vol. 59, 18（1987, Nov. 2））

第3章 量子力学実験——干渉とエンタングル

二つの経路の距離が一致していない場合は、前述の独立な2光子の場合と同じで、一つの検出器に2個入る場合もゼロではないが、二つの検出器に同時に振り分けられてヒットする場合が十分な数存在する。ところが経路の距離がピタリと一致した場合は、必ず2個とも片方の検出器に入るので、同期するヒットは**図3-10**のようにゼロになるのである。これは2個の光子の間が独立ではなく相関しているためであり、BSの片方の出口から出ていくのを干渉によって完全に消しているのである。

この事実はSPDCに打ち込まれた1光子によって作られた2光子が、区別不可能性のためにエンタングルしていることを意味する。いま敢えて2光子を第一光子、第二光子と区別したとしても、第一光子が上の経路を、第二光子が下の経路をというような区別はできないのである。2光子の量子力学的な状態は図3-10のキャプションに示したように、何れの光子も上も下も通過しているのである。だから、第2章2-5で述べたように、$|第一\rangle_上|第二\rangle_下$と$|第一\rangle_下|第二\rangle_上$の重ね合わせたエンタングル状態、

$$\frac{|第一\rangle_上|第二\rangle_下 \pm |第一\rangle_下|第二\rangle_上}{\sqrt{2}}$$

なのである。これで2光子が揃ってBSの同じ出口から出るのである。

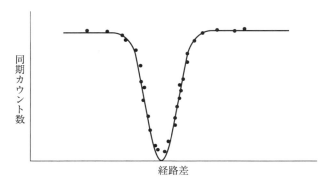

図3-10 HOM実験のデータ 図3-9のように2光子AとBが各々経路1と経路2からBSに入ったとするとBS通過後の状態は $(|D_1\rangle_A+|D_2\rangle_A)(|D_2\rangle_B-|D_1\rangle_B)/2$ に変化する($|D_i\rangle$ は検出器 D_i で検出される状態を表す)。この状態は $[|D_2\rangle_A|D_2\rangle_B-|D_1\rangle_A|D_1\rangle_B]$ + $[|D_1\rangle_A|D_2\rangle_B-|D_2\rangle_A|D_1\rangle_B]$ であるが、前のカッコ [ ] の部分は D_1 または D_2 に2個とも検出される。他方、D_1 と D_2 の両方で1個ずつ同時検出される確率は $[2-(_A\langle D_1|D_1\rangle_B \,_B\langle D_2|D_2\rangle_A+_A\langle D_2|D_2\rangle_B \,_B\langle D_1|D_1\rangle_A)]$ に比例する。ここでAとBの区別がないとすると、干渉が起こって $[2-(2)]=0$ になるので、D_1 と D_2 を同時にヒットするイベントはゼロになる。しかし、AとBは振動数が違うなどで区別されているが検出は何れも可能であれば、$[2-(0)]=2$ となるので半分の確率で同時計測は起こることになる。

実際の実験の状況では発生する2光子の振動数は完全に同一ではなく幅を持っている。いま SPDC に入射する振動数を ω_0 として、2光子の振動数を $\omega_0/2+\omega$ と $\omega_0/2-\omega$ として、幅は ω に対して幅 $\Delta\omega$ のガウス分布とすれば同時計測数は $[1-2RT\exp[-(\Delta\omega\delta\tau)^2]/(R^2+T^2)]$ に比例する。ここで $\delta\tau$ は BS の位置を動かすことで生ずる BS に入る時刻の差であり、また R と T は BS の反射、透過の振幅で、半透明なら $R^2=T^2=RT=1/2$。図は BS の位置の移動に伴う経路差($\delta\tau$ に対応)に対する同時計測数をプロットした。太線は $[1-\exp[-(\Delta\omega\delta\tau)^2]]$ に比例する曲線。

第3章 量子力学実験——干渉とエンタングル

量子消しゴム

この実験ではさらに驚くべき発展型がある（**図3−11**）。発生する2光子が、エネルギーだけでなく、同一の偏光を持つとする。そして経路の間に偏光に差をつけるために、下の経路を通過する光子の偏光方向を90度回転させる。すると偏光で区別された2個の独立な光子になり、干渉は起こらなくなる。ところが、BS通過後に各々の経路上で偏光方向を45度回転させる操作をした上で検出器に入れると、2個の間の干渉が復活するのである。

いったん区別する目印をつけたのに、その目印が分からなくなる操作をすると、何の区別もしなかった場合と同じ結果が得られるのである。このような操作は「量子消しゴム」と呼ばれている。

この実験が特に不思議に思えるのは、干渉が「起こる」「起こらない」を問題にしているのはBS通過時のことであり、干渉が起こらないことで決着していると思うからである。45度回転させてせっかくのデータを混ぜてしまって、たとえ干渉が起こっていても見えなかったとしても、それは

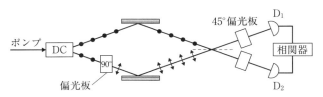

図3−11 HOM実験での量子消しゴム効果 2光子の偏光状態を変えてBSに入れば「干渉」は起こらないが、その後で二つの光子の偏光状態を揃えると「干渉」効果は復活して、同時計測イベントがゼロになる。

それで理解できる。ところが、いったん消したものを、もう一度消したらゴミから復活したかのようになるのが不思議なのだ。ここでも大事なのはSPDCから出た2光子がエンタングルしていることである。このために、偏光回転器で偏光を90度回転して「別」光子としてBSに入力したのに、45度回転の操作で、この履歴が完全に消滅されてしまい、干渉が復活するのである。

「起こる」「起こらない」か、データ解析か

　この実験結果を見て気になるのは、「干渉が起こる」「干渉が起こらない」の表現である。実験の実態は干渉という物理現象が「起こる」「起こらない」ではなく、実験で得られたデータの解析法によって干渉が「現れたり」「消えたり」することである。

　まず本章の初めに述べたように、ヤング干渉縞とは多数回の光子干渉イベントの集積データの計測回数のヒストグラムであった。干渉という現象が瞬時、瞬時に起こっているのではなく、多数回実験のデータを図面上に描いた時の曲線のパターンに付けられた名称だということである。ガウス分布とは統計学上の用語であるが、これに相当して「干渉分布」といったものがあるのである。ポイントを強調すると、「干渉という物理現象を観測したデータ」ではなく、「物理的に起こった全てのデータの中から干渉分布になる条件を明らかにした」ともいえる。

　光の偏光状態の絡むこの実験は少し複雑であるので、「量子消しゴム」の原理のイメージしやすい簡単な説明図を図

第3章 量子力学実験——干渉とエンタングル

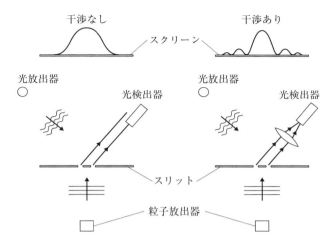

図3-12 量子消しゴム概念図 二重スリット実験で下から粒子ビームが上に向かって二つのスリットを通過する。左斜め上から光を照射してスリットを通った粒子に当てる。そして反射された光は光検出器に捉えられる。もし左側の図のように、粒子が何れのスリットを通過したか識別可能な位置に検出器があれば、スクリーン上の粒子の到着位置データを集積しても干渉は見られない。それに対して右側の図のように、反射された光子を全てレンズで合わせて、何れからきたかが分からなくしたとする。この場合は光子の検出イベントと同期した粒子の到着点の分布は干渉を示す。

3-12に載せておく。

3-4 ZWM実験

「心を揺さぶる実験」

二重スリット実験では「何れのスリットを通った?」をチェックするKYKS実験に対応する、MZ干渉計における上下「何れの経路を通った?」をチェックするZWM実験(X. Y. Zou, L. J. Wang, L. Mandel, Phys. Rev. Letters, vol. 67, 3〈1991, July 15〉)を紹介する。これもKYKS実験同様に、干渉現象がエンタングルした監視光子の扱いで影響を受けるというものである。このZWM実験は"心を揺さぶる(mind-boggling)"実験と呼ばれており、それほどに量子力学で扱う物理現象の奇妙さを印象付けるものである。

図3-3のMZ干渉計では、上下何れの経路を通ったかをBS_{out}の挿入で分からなくして、干渉効果が引き出されたのであった。ZWM実験では、**図3-13**のように、上下の経路の何れを通過するかをチェックするために各々の経路にSPDCを配置している。SPDCに光子が入るとある小さな確率でエネルギーが半分の2個の光子に転換される。このZWM実験のポイントは、SPDCから二次的に放出された2個の光子の片方1個ずつを、干渉効果を見る光子として末端のBSであるCに導いて合わせた後、D_1で光子検出を計測する点にある。そして、遮蔽板Bを外しておけば、各々の片割れの残り2個の光子を同じ検出器

第3章　量子力学実験──干渉とエンタングル

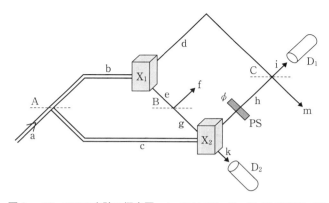

図3－13　ZWM 実験の概念図　A、C は BS、X_1、X_2 は SPDC、PS は位相変換器、D_1、D_2 は検出器、B は透明度が可変な遮蔽板。
(出典：X. Y. Zou, L. J. Wang, L. Mandel, Phys. Rev. Letters, vol. 67, 3 (1991, July 15))

D_2 に導いて、何れかの SPDC で2光子転換が起こったかをチェックする監視役として使う。各々の SPDC からの二次的に発生した光子を、一方は干渉光子として、残りは監視光子として用いるのは2スリットの KYKS 実験の場合と同じである。

監視光子を遮蔽板で制御

　実験によると SPDC で二次的に生成された光子でも干渉効果が見られた。MZ 干渉計では一方の経路に PS を入れて位相を変えると、それに応じた干渉効果が見られたが、この ZWM 実験でも同様の効果が見られる。確かにこの配置では上下何れの経路を通ったかは判定できない。遮蔽板 B を外しておけば、D_2 では上下「何れ」で2光子転換

131

が起こったかをチェックしないから、干渉効果が表れるのである。

そこで、次に、上のSPDCのX₁からの監視役光子がD₂に向かう通路に遮蔽板Bを置く。例えば、遮蔽が完全なら、D₂に光子が入ったものは全て下のSPDCであるX₂からの監視光子であることが分かる。したがって、BSのCを通しても干渉は現れない。またPSで位相を変えたとしても、1個の光子の位相が変わるだけだから干渉効果は表れない。

連続的な透過度依存

二つのSPDCからの二次的発生の光子は、一方は干渉光子として、残りは監視役光子として用いている。ここまでは2スリット型のKYKS実験がMZ型に変わっただけで、ほぼ同様である。この実験のすごい点は、X₁からの監視役光子の遮蔽の程度をいろいろ変えて実験をしている点である。遮蔽板Bの透過度をTとすると干渉の大きさが、PSでの位相ϕの変化に対して、$\eta(1+T\cos\phi)$となることが量子力学の理論的予測である。ここでηはSPDCによる2光子転換率である。完全遮蔽（$T=0$）なら干渉はなく、遮蔽なし（$T=1$）なら干渉は最大である。そして、中間の透過率でも、理論的予測通りに連続的なT依存が実験で確かめられた。

干渉の大きさのT依存性は、干渉し合う光子が遮蔽板を通過していないことを考え合わせると、驚きである。さらに、SPDCによる2光子転換は滅多に起こらないので、

第3章　量子力学実験——干渉とエンタングル

二つのSPDCで同時に起こることなどあり得ない。もし独立なら、干渉の大きさはSPDCの2光子転換率ηの2乗になるはずだが、量子力学によると数式のようにηの1乗に比例しており、これも実験で確かめられている。だから、二次的に作られた光子が同時に末端のBSであるCにやって来て、干渉するようなイメージは通用しないのである。

「幾つもの事象の繋がりセットの重なり」

もとのMZ実験では、同時に上と下を通過する二つの波動をBS_{out}で重ね合わせる、という古典波動のイメージが通用する一面もあったが、ZWM実験ではこういう古典波動の重ね合わせは通用しない。こうした古典波動では、BS_{in}への光子入射から、検出器で光子をとらえるまでに、有限サイズの物理的実体が時間を追って、次々と各デバイスを通過していくとイメージされる。ところがZWM実験では、干渉光子が見張り役光子から分かれた後、見張り役光子に対する遮蔽板の効果が、干渉光子の振る舞いに影響を及ぼしているのである。これは、物理的な出来事が時間の経過に従って局所的に起こっていくというイメージには収まらない。SPDCで発生する2光子の識別不可能性によるエンタングル（HOM実験）やEPR相関に見られる非局所的相関がここにも現れているのである。しかもこの相関は、もともとは1光子がBSであるAを通過して生じた様々な重なった状態の光子が引き起こすものであるが、非局所的相関の重なり合いであり、もとの図3-3と比べれば、繋がりのある一段と"大掛かりな"現象の重なり合

いといえる。

こうなると、**図3−14**のように、実験装置全体にわた

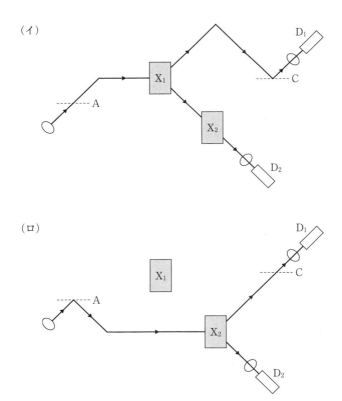

図3−14 ZWM実験は因果的に繋がった二つの履歴の重なり合いとみなされる。同じAから1光子が出発し、途中で2光子に変換されてD_1とD_2に達する履歴(歴史)には図の(イ)と(ロ)のように違ったものがある。この図では図3−13の遮蔽板Bは完全透明状態、位相変換器PSはオフにしてある。

る一連の繋がった（イ）と（ロ）のような出来事の二つのセットが重なっていると見なすことができる。この「繋がり」の何れかが起こる確率ならηの1乗に比例することは頷ける。オリジナルなMZ実験よりは、いくつもの事象の繋がりセット同士の重なりという点では、その先にあるより複雑な「シュレーディンガーの猫実験」を思い起こさせる。

デバイスもエンタングルしている？

現在のコンピュータは、トランジスタのようなエレクトロニクスの素子の中では量子力学的現象もあるが、素子と素子の繋がりは古典的繋がりである。ところがZWM実験では、図3-13にあるようないくつものデバイスの繋がり全体が量子力学的に振る舞っているということである。原子や光子のエンタングルだけでなく、デバイスの状態がエンタングルしているという見方もできる。

量子コンピュータとは多数のデバイス（素子）間の関係も量子力学的振る舞いになるということである。ここに見た実験では、こうしたイメージの端緒がすでに見えているということができる。

3-5 EPRエンタングルメント

離れた地点でスピンを斜めに測る

　これまで、まず、一つの光子を重ね合わせる実験に注目し、次に、SPDCから放出されるエンタングルした2光子が登場した。しかし、KYKS実験とZWM実験では、干渉用光子と監視用光子のように、異なった扱いであった。今度は2光子を対等に扱い、2粒子間の相関をチェックするEPR実験に注目する。

　図3-15のようにSPDC（図中ではSPSと表記）でエンタングルした2個の粒子が発生し、それらを離れた地点

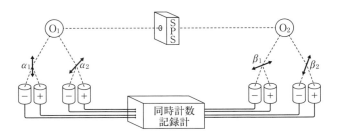

図3-15　アスペ等の実験の配置図　SPDC(SPS)で発生したエンタングルした光子は反対方向に導かれ、光学スイッチO_1とO_2で各々異なる角度で傾いた検出器にランダムに割り振られる。O_1で割り振られる検出器の結果が$α_1$、$α_2$、O_2で割り振られる検出器の結果が$β_1$、$β_2$である。ここで$α_1$、$α_2$、$β_1$、$β_2$の値の組み合わせは図3-16のようになる。
（出典：ペレス『量子論の概念と手法』大場一郎他訳、丸善）

で、異なった角度で測定し、同時計測のデータを集積して、相関を見る。

　二状態の具体例としてはスピン$\frac{1}{2}$の粒子や二つの偏りを持つ光子があるが、ここではイメージしやすいように、スピンで話をすすめる。前章で見たように、スピンは上下方向を向いて、それを斜めに測っても測定結果は上下の何れかの値（二値は1、-1とする）が判定される。傾きの角度（αとβ）により、同時計測頻度が変化する。

アインシュタインの隠れた変数

　この実験の目的は量子力学の統計性とそれ以外の統計性の違いを実験で判定しようとするものである。統計力学では原子集団に存在した多くのミクロの変数について平均した性質を扱う。この平均という数理的操作が統計性である。量子力学が確率による統計的な記述であることが認識されたとき、その統計性は、「隠れた変数」について平均をとったことに由来するのではないかという考えがあった。「隠れた変数」まで全部含めて状態を区別すれば物理量は確定値を持っているのであり、量子力学はそうした完全な記述を可能にする理論にいたる途上にある中間的な理論である、という考えだ。

「神はサイコロを振らない」と、量子力学の統計性に不満を表明していたアインシュタインはこの「隠れた変数」仮説の提唱者とされている。本人は「自分は反対だ」といっていたが、世間ではこの仮説は「アインシュタインの隠れ

た変数説」と呼ばれている。

ベルの不等式

　この「隠れた変数説」の立場に立って変数は確定値を持っているとする。そして観測されるのは「隠れた変数」に対して平均した平均値で、これが量子力学の期待値に相当する。そして、この二つの予想の成否を実験で判定しようと試みるのである。この二つの考え（「量子力学」と「隠れた変数説」）が違うということを証明するには、どんな特殊な実例でもいいから、違いを実験で確認すればよい。「離れた地点でスピンを斜めに測る」はそういう視点で考案された一つの実例である。

　図3-15のように、判定する斜め測定の角度を左右各々二つで行う。左での二つの角度での測定値（1または-1）をα_1とα_2と書き、右側のをβ_1とβ_2と書く。測定の結果は、二値の変数が四つだから、$2 \times 2 \times 2 \times 2 = 16$通りの組み合わせしかない。これで「全事象」が網羅されている。**図3-16**に（$\alpha_1, \alpha_2, \beta_1, \beta_2$）の16通りの組み合わせが示してある。

　この16通りの事象について、表のように$\alpha_1\beta_1$、$\alpha_1\beta_2$、$\alpha_2\beta_1$、$\alpha_2\beta_2$の四つの積を計算する。その上で
　　$S = \alpha_1\beta_1 + \alpha_1\beta_2 + \alpha_2\beta_1 - \alpha_2\beta_2$
を計算すると、図3-16の表の一番下のSのように2か-2である。

　一方、実験においては、これら全事象の中の一つがある確率でバラバラに出現することになる。したがって、Sの

第3章　量子力学実験——干渉とエンタングル

α_1	\multicolumn{8}{c}{+1}							
α_2	+1		-1		+1		-1	
β_1	+1	-1	+1	-1	+1	-1	+1	-1
β_2	+	-	+	-	+	-	+	-
$\alpha_1\beta_1$	+	+	-	-	+	+	-	-
$\alpha_1\beta_2$	+	-	+	-	+	-	+	-
$\alpha_2\beta_1$	+	+	-	-	-	-	+	+
$\alpha_2\beta_2$	+	-	+	-	-	+	-	+
S	2	2	-2	-2	2	-2	2	-2

(続き)

α_1	\multicolumn{8}{c}{-1}
α_2	+1		-1		+1		-1	
β_1	+1	-1	+1	-1	+1	-1	+1	-1
β_2	+	-	+	-	+	-	+	-
$\alpha_1\beta_1$	-	-	+	+	-	-	+	+
$\alpha_1\beta_2$	-	+	-	+	-	+	-	+
$\alpha_2\beta_1$	+	+	-	-	-	-	+	+
$\alpha_2\beta_2$	+	-	+	-	-	+	-	+
S	-2	2	-2	2	-2	-2	2	2

図3－16　ベルの不等号　左右両端の2つの検出器（α、β）の各々での2つの角度（$i=1$、2としてα_i、β_i）での測定される全てのイベント。4つの変数（$i=1$、2としてα_i、β_i）は1または-1の何かであるから、全部で16通りのイベントがある。各々で$S(=\alpha_1\beta_1+\alpha_1\beta_2+\alpha_2\beta_1-\alpha_2\beta_2)$を計算すると2または-2となる。したがって、多数回でのSの平均値に対して　$-2 \leq S \leq 2$というベルの不等号式が導かれる。

平均は、2と-2の混じった集団の平均だから、どんな統計分布でも、平均値は-2と2の中間

$$-2 \leq S \leq 2 \quad \text{あるいは} \quad |S| \leq 2$$

になるはずである。これがベルの不等式である。

量子力学によるSの計算

次に量子力学によるこのSの計算を行う。2粒子AとBの次のような、全スピンがゼロの、エンタングルした状態を考える。

$$|s\rangle = \frac{1}{\sqrt{2}}(|0\rangle_A|1\rangle_B - |1\rangle_A|0\rangle_B)$$

実際、二体の全角運動量をこれに作用させると

$(\sigma_z^A + \sigma_z^B)|s\rangle = 0$ 及び $(\sigma_A + \sigma_B)^2|s\rangle = 0$

であることが確かめられる。

A粒子の測定をz軸から角度αで、B粒子は角度βで行った時の期待値は

$$E(\alpha, \beta) = \langle s | \sigma_A(\alpha) \sigma_B(\beta) | s \rangle$$

$$\sigma(\theta) = \cos\theta\, \sigma_z + \sin\theta\, \sigma_x$$

から計算することができ、

$$E(\alpha, \beta) = -\cos(\alpha - \beta)$$

となる。したがってSはEから

$$S = E(\alpha_1, \beta_1) + E(\alpha_1, \beta_2) + E(\alpha_2, \beta_1) - E(\alpha_2, \beta_2)$$

と計算される。

特殊な場合として$\alpha_1 = \beta_1 = 0$、$\alpha_2 = \phi$、$\beta_2 = -\phi$にとれば

$$S = -1 - 2\cos\phi + \cos 2\phi$$

であるが、$0 \leq \phi \leq \frac{\pi}{2}$では$|S| \geq 2$となり、ベルの不等式と矛盾する場合があることが分かる。

したがってベルの不等式の成立しない場合が実験で確認されれば、量子力学が「隠れた変数」理論の枠内にないことを検証できるのである。

偏光相関の実験とベル不等式否定の結果

互いに矛盾する仮説の何が正しいかを判定するのが実験である。実験結果はベル不等式は成立せず、相関は量子力学の予想通りであった。1980年頃、初めて実験に成功し

たのはアスペたちであるが、二状態としては、スピンではなく、光子の偏りが使われた。偏り状態がエンタングルした2個の光子を左右に導き、光学スイッチで測定角の異なる検出器にランダムに導くのである（図3-15）。

後に中性子のスピンの実験でも同じ結論が得られている。さらに、2015年には離れた二者からエンタングルしたペアの片方を中間の第三者に送って測定する三者ベル不等式検定の実験も成功している。

EPR実験は量子力学の次の二つの特徴を直接明らかにしたといえる。

A　物理的存在は予め確定値を持って存在しているわけでない

B　同一過程で生じた多粒子間の相関は十分離れた後にも切れない

これらの結果が齎す意味については第4章でまとめて論じることにして、特徴Aをより明確に示す別の実験の議論を次に見る。

3-6　GHZ——スピン三体エンタングルメント

3粒子まとめた測定から個別を推定

3粒子A、B、Cのスピンの系を考え、次のように相関している状態を考える。

$$|\text{GHZ}\rangle = \frac{|0\rangle_A|0\rangle_B|0\rangle_C - |1\rangle_A|1\rangle_B|1\rangle_C}{\sqrt{2}}$$

ここで$\sigma_z|0\rangle = |0\rangle$、$\sigma_z|1\rangle = -|1\rangle$である。GHZはこの議論を提起したグリーンバーガー (Greenberger)、ホーン (Horne)、ザイリンガー (Zeilinger) の頭文字である。

いま、1粒子のx方向、残り2粒子のy方向のスピンを測るとすれば、次のような三種の組み合わせがある。

$$X_1 = \sigma^A_x \sigma^B_y \sigma^C_y, \quad X_2 = \sigma^A_y \sigma^B_x \sigma^C_y, \quad X_3 = \sigma^A_y \sigma^B_y \sigma^C_x$$

一方、これら三つのX_iの積を計算すると次のようになる。

$$X_1 X_2 X_3 = \sigma^A_x \sigma^B_y \sigma^C_y \sigma^A_y \sigma^B_x \sigma^C_y \sigma^A_y \sigma^B_y \sigma^C_x$$
$$= \sigma^A_x (-\sigma^B_x) \sigma^C_x = -\sigma^A_x \sigma^B_x \sigma^C_x$$

X_i ($i=1, 2, 3$)は互いに交換可能であり、何れのX_iに対しても$X_i|\text{GHZ}\rangle = |\text{GHZ}\rangle$となり$|\text{GHZ}\rangle$は固有値1の$X_i$の固有状態であることが分かる。また$X_0 = X_1 X_2 X_3$と書けば、$|\text{GHZ}\rangle$は$X_0$ ($= \sigma^A_x \sigma^B_x \sigma^C_x$)の固有値が$-1$の固有状態でもあると結論される。

「予め決まっている」は矛盾

ここで、$|\text{GHZ}\rangle$で指定された状態は隠れた変数でさらにいくつかの確定値を持つ状態に分解でき、$|\text{GHZ}\rangle$はそれら確定値状態の混合と考えることが可能かを検討してみる。例えばX_3の測定でσ^A_y、σ^B_y、σ^C_xの値 ($m = \pm 1$) が各々m^A_y、m^B_y、m^C_xとすれば、それらは$m^A_y m^B_y m^C_x = 1$を満たす一つの確定状態を同定したことになる。その状態に対してX_2及びX_1の測定をすれば、各々$m^A_y m^B_x m^C_y = 1$及び$m^A_x m^B_y m^C_y = 1$ を満たす測定値が得られるはず

ある。これら三つの測定結果を掛け合わせると、m の2乗は1だから、

$$(m^A{}_x m^B{}_y m^C{}_y)(m^A{}_y m^B{}_x m^C{}_y)(m^A{}_y m^B{}_y m^C{}_x)$$
$$= (m^A{}_y)^2 (m^B{}_y)^2 (m^C{}_y)^2 \, m^A{}_x m^B{}_x m^C{}_x$$
$$= m^A{}_x m^B{}_x m^C{}_x = 1$$

となり、X_0 の値は1と導かれる。ところが量子力学では X_0 の測定値は $m^A{}_x m^B{}_x m^C{}_x = -1$ であるから矛盾している。

"一発で決着" の実験

この対立は実際の実験による判定で量子力学の結論が正しいことが分かった。したがって予め確定値を持つ状態の混合説は不可能と結論づけられる。ベル不等式検証では多数のイベントによる統計的な相関の実験であったが、この実験は一発のイベントで決着がつく。

この考察を一般化すると、いくつかのオペレータの関数の観測値と個々のオペレータの観測値の関数値は一致しないことを教えており、数学的にコッヘン - シュッペッカー(Kochen-Specker)の定理として証明されている。オペレータの関数 $F(X_1, X_2, X_3) = X_1 X_2 X_3$ がある場合、個々の変数の測定値 $m = V(X)$ を代入した $F(V(X_1), V(X_2), V(X_3)) = V(X_1)V(X_2)V(X_3)$ と $V(F(X_1, X_2, X_3)) = V(X_1 X_2 X_3)$ は一般には違うのである。「予め確定した値を持った存在がある」という考えは成立せず、測定される状況に依存するとみなされる。例えば、回転運動する粒子の運動量と回転半径は同時に確定的値は測定できないのに、これらの関数で与えられる角運動量が確定値を持つ状態は

存在するのである。

「人間」⇔「装置」⇔「自然」

これらの実験は「物理的存在は予め確定値を持って存在しているわけでない」ことを示している。GHZの議論は、ベルの不等式の統計的な判定でなく、それこそ1回の実験で判別できる実験である。オペレータ X_i の測定と X_i の関数の測定には別の実験装置が設定されるのである。その意味では、「人間」が意図をもって「装置」を「自然」に追加して［「装置」＋「自然」］という拡張した自然で起こる現象を見ているのである。この「拡張した自然」は序章の「参加者」イメージや図0-3の「人間→装置→対象」というベクトルのアクションに対応しているといえる。「参加者」による自然への介入があって初めて「自然」からの応答が返ってくるのである。あくまでも問いを発する「人間」に起点があるのである。

古典物理の世界像も五感人間という身体を自然に持ち込んで把握されたものであって、この場合でもすでにそれで改造された自然であったのである。しかし、そのことが明確に自覚されたのは、サイエンス機器の進展でミクロ世界まで自然が拡張されたことによってであった。すなわち、古典物理の世界像の特殊性が暴かれたのである。まさに、量子力学は人間の特殊性を炙り出しているのである。

第4章

物理的実在と「解釈問題」

4−1 EPR 論文のいう実在

EPR 論文の書き出し

1935 年に発表された EPR 論文「量子力学による実在の記述は完全たりうるか？」のアブストラクトは次のようである。

「完全な理論には、実在のそれぞれの部分に対応する部分が含まれている。物理量の実在に関する十分条件とは、系を乱さず、確実にそれを予言できる可能性があることである。量子力学においては、可換でない演算子によって記述される二つの物理量の場合、一方の知識が他方の知識の妨げとなる。それゆえ、(1) 量子力学での波動関数による実在の記述が不完全であるか、それとも、(2) この二つの量には同時確実性がないのか、のどちらかである。ある系に関する予言を、この系とすでに相互作用した別の系での測定に基づいて行うという問題を考察すれば、(1) が誤りなら (2) も誤りであるという結果に導かれる。こうして、波動関数による実在の記述は、不完全であるという結論に到達する」

量子力学＝波動関数と問題を絞っており、さらに本文は次のように始まる。

「物理理論の厳密な考察では、それがどのようなものであろうと、理論とは独立である客観的実在と、理論における物理概念との区別が、考慮されていなければならない。こ

れらの概念は客観的実在に対応させられ、我々は、概念が持つ意味から、概念の描像を作り上げるのである。

　理論の成否を判定するために、(1) 理論は正しいか、(2) その理論による記述は完全か、という二つの問いを考察しよう。理論における概念が満足のいくものであると言いうるのは、この問いが、ともに肯定される場合に限られる。理論の正当性は、その結果と人間による観測との一致度によって判定される。実在に関する判断を可能にするのは観察だけであるが、物理学では、実験と測定という形がとられる。量子力学に適用する限りにおいて、この論文で考察しようとするのは、第二の問いである」

「完全な理論」と確率1

　このように、大前提である客観的実在と理論の関係を述べた後に、理論の完全さに議論を進める。
「完全という言葉にどのような意味づけがなされようとも、完全な理論に関し、次のような要請を設けることは必要だと思われる。すなわち、物理的実在のそれぞれの部分に対し、それに対応するものが、物理理論に含まれていなければならない。こうして、物理的実在の一部とは何かということを決定できさえすれば、第二の問いに答えることは容易である。

　物理的実在の一部を、アプリオリな哲学的考察によって決めることはできない。しかし、実験と測定の結果に照らして決定できるならば、我々の目的のためには、実在の包括的な定義は必要ではない。我々には、次のような判定条

件で十分であり、かつ、妥当であると考える」と論点を限定して、次の判定条件が示される（原文も記す）。

「系をいささかも乱すことがなく、確実に（すなわち1の確率で）物理量の値を決定できるならば、この物理量に対応する物理的実在の一部が存在する」

[If, without in any way disturbing a system, we can predict with certainty (i.e., with probability equal to unity) the value of a physical quantity, then there exists an element of physical reality corresponding to this physical quantity.]

この判定条件を、先に述べたEPR思考実験に当てはめてみる。例えば、十分離れた状態で左粒子のスピンの向きを測って上なら、右粒子は確率1で下である。右粒子「系をいささかも乱すこと」がないように十分離してあるのだから、左の観測の影響が右に及ばないはずなのに、「確率1で」下に決まっているということは、観測前から予め分かっているはずである。このことを記述していない理論は不完全だ、となる。確率1で同じ観測結果が出るなら、観測にその結果を返す存在が予め実在するべきである。確定している実在の一部を引き出すのが科学である、と。

4-2　素朴実在論の踏み絵

「自然から人間に達する」

　自然の探求とは、図0-4（a）「自然から人間に達する」のように、潜んでいる実在を発見するイメージで語られる。特に科学は、人間の憶測をできるだけ抑えて外界を客観的に"ありのまま"に見る営みであることが強調される。

　しかしミクロの世界の場合"ありのまま"は不在で、探求される「実在」自体が人類の自然の知的探求の「文化遺産」といえる理論構造物ともいえる。ここで「理論的」とは「想像的」といってもいいが、五感的な直感的イメージを超越したものである。こうした仮説、憶測、予見……はマイナスのイメージでもあるが、同時に人々を行動に掻き立てる大事なものである。それに惹きつけられて真理に達した発見物語も多い。当初は誤った仮説、憶測、予見……であっても、実証を踏まえる限り真理に至るのである。この意味で「動機的実在論」、「素朴実在論」、NOA（natural ontological attitude、自然存在観、ファイン著『シェイキーゲーム』丸善）といった、思い込みは研究現場を活性化している。

　実際、物理学の歴史はこの素朴実在論を追求してミクロ新世界の探索を敢行してきた。この実績を踏まえた信念から、次のような異端を取りしまる「踏み絵」が提出されている。

1. 観測者と観測者が持つ知識とは無関係に実在がある
2. 測定（観測）の概念は理論において基本の役割を果たさない
3. 理論は、集団だけでなく、個々のシステムを記述できる
4. 周辺外部から孤立した存在を想定できる
5. 孤立したシステムに作用しても、離れたものに影響はない
6. 客観的確率が存在する

ところが、量子力学の実験では、項目1と項目2は「シュレーディンガーの猫」や「状況依存性」によって、項目4、項目5はエンタングルによって、一見したところ、破綻している。しかし、2012年のノーベル賞で顕彰された進展は、項目3をクリアしている印象を与える。また、情報通信での確率事象を制御する技術の普及は、推定手法としての主観的確率を未熟な手法とみなす感覚を変えつつあり、項目6も自明ではない。テクノロジーの進展は項目3と項目6のイメージを変え、量子力学をも「対処論」の一つと見なすことを促している。このように、「踏み絵」を無視するような現実が増えてくると、素朴実在論の再定義が必要かもしれない。

物理か情報か

第3章の干渉実験で見たように、「何れを通った？」をチェックする実験も、チェックしない実験も、同時になされている。差は同時計測（コインシデンス＝coincidence）

の取り方などの全データの解析法の差である。要するに、データの見方の差である。意味のある物理的な結果とは各検出器のヒット現象にではなく、それらの間の相関にあるのである。ヒットの痕跡データそれ自体は、因果や相関といった法則性の現出ではない。痕跡データというナマ情報から法則性を引き出す過程は、一種のビッグデータからのデータ・マイニングという情報学のイメージを想起させる。

　ところが「素朴実在論」の物理屋は「起こった、起こらない」の痕跡データにこだわり、他方で情報屋はモデルやアルゴリズムの「うまい見方」の対処論が大事だという。物理屋が「客観的でない」と難ずると、情報屋は「捨てるものは捨てて」と言っているだけだとなる。この議論は量子力学の学問論のなかでの「見え方」にも絡んでくる。ここで学問論とは、真理探究か対処法か、基礎か応用か、実在かツールかなどをめぐる、知的営みの社会的な位置付けのことである。

　ランダムにヒットしている現象（各検出器のヒット記録）そのものを「自然」と表現するなら、量子力学という一般理論の枠組みは混沌とした「自然」のなかにある秩序（相関）を探し出す（データ処理）ツールを与えているのだといえる。

「文化遺産」の上の自然現象

　EPR論文の議論には、測定が自然に実在するものを写し取ることだという観念が無意識に組み込まれている。そしてそれが確定できないとなると、その原因を観測過程で

実在を乱す制御不能な介入だとして責任を押し付けざるを得なくなる。これではあきらかに不完全な理論である。

この議論は、実験の対象が発する情報を一方的に受け取るという受動的な「傍観者」発想の行き詰まりを露呈している。図0-3（a）の自然・実在から測定者にベクトルが向かう構図の限界であり、ベクトルの方向を反転させた、図0-3（b）の見方を暗示する。データを表示する装置を含めた物理系の客観的事象が実験なのであり、装置は人間の意図に発するのである。

自然・実在を人間の認識に転換するこの構図は、五感を間に挟むマクロ現象でも同じなのだが、量子力学が扱うミクロの現象ではこの構図があらためて顕在化するのである。ここで「装置」には原始的道具から、技術や科学によって進化してきた人類の「文化遺産」の装置まで含まれる。裸の五感人間の自然認識ではなく、さまざまな意図と手段をもって自然と対峙する人類の姿を発想すべきなのである。量子力学はこういう特異な進化をした「人間をあぶり出している」のである。

ミクロとマクロの区別を自然現象の中に持ち込んでいるのは、人間の身体機構である。ここに埋め込まれた実在と認識の特殊な関係を相対化する必要がある。我々のマクロな自然の認識は、感覚器官を持つ身体を実在との間に介在させたものであり、実験とはこの感覚器官にあたる部分を人工的「文化遺産」で拡大したものである。自然認識の関係においては、定規や秤も、時計や温度計も、検電器や電流計も、顕微鏡やガイガー・カウンターも、すばる望遠鏡

やスーパーカミオカンデも、メガネと同種の「文化遺産」なのである。

4-3　量子力学の解釈問題

「支障がない」

「『解釈問題』の解釈問題」まであり、また「解釈問題」など一切存在しないという論も時々まきおこる。量子力学を日々駆使して仕事をしている多くの専門家にとって、解釈問題の所在自体が曖昧なのは、第一には現状で「支障がない」ことである。第二には90年も経って解釈問題を抱える姿はみっともないと感じて敬遠する傾向である。ICや超伝導や素粒子の研究に取り組むのに「支障がない」から余計なことだという態度には第1章でも触れた「黙って、計算しろ！」という思想善導の絶大な成果である。「ミクロ新世界に次々と現れる珍獣発見の活気に溢れていて飽きることがない、過去を見るのはもう止めよう」、と。

それに比べて第二の反応は、曖昧なモヤモヤした気持ちのレベルの心境だ。例えば、第1章の「観測者の登場」で述べたような、人の世の立場の差を引きずる文系学問と違って、理系学問では真理は一本にすっきりしていてほしいという潔白嗜好の人にとって、「いろいろ解釈できる」では真理性のランクが落ちるのである。アインシュタインを含め「内輪もめしている」スキャンダラスな印象を外部

に与えるから解釈論争は慎むべきだ、と。

我々はアインシュタインの先にいる
　本書は、解釈問題には大事なものがあるという立場だが、それで量子力学の数理理論そのものが変わるというよりは、端的に言って科学を外から位置付ける話に関係しているというものである。それは、自然科学の専門的研究とは何をやっているのか、あるいは、社会の様々な営みのなかで科学は何を担っているのかといった、こういう科学のメタ理論に関係するという立場である。そして、ここからが自明でない視点なのだが、科学者はそのことを、自分の思い込みや情熱や心情や価値観で決めてはならず、実験によって探るべきだという立場である。科学のメタ理論とは「外から見た科学」の話だが、ここにも実験の判定が関与してくるという話である。
　ハイテクの進展が可能にした1990年代からの第3章で紹介したような進展で、アインシュタイン、ボーア、シュレーディンガーよりもはるかに多くの真理を我々は摑んでいるのである。それが、ハイテクを手にした「参加者」が切り拓いた境地なのである。こういう現実の進展が、科学のメタ理論に反映されるべきだという立場である。アインシュタインのような巨匠たちに思考の深さにおいて及ばない我々凡人でも、手にした技術のおかげで彼らよりもはるかに高い境地にいるのである。

第4章　物理的実在と「解釈問題」

アインシュタインの危機感

　長い間、自然科学とりわけ物理学では、外見の表層に惑わされず、背後を貫く真正な対象を見出して、「認識とは対象に従うこと」が、ブレのない明快な立場だと思われてきた。しかし、現実の認識の歴史過程を見れば「真正の対象」は原子—素粒子—クォーク・レプトン—ストリングなどとドンドン後退していき、行き着く先は永遠に不明である。そこで、「従うべき真正な対象」を基礎にした真理の構図ではなく、むしろ不動の認識主体の方を真理の原点にすべきだという逆の発想が出てくる。これが序章で触れた参加者実在論である。

　ところが、この立場はまた、「参加者」を離れた実在は全て虚像だとして、客観的物質界の存在を否定する極論に転移しやすく、不安も醸し出す。さらに、全てを「参加者」に引き寄せて科学の営みを描くと、それは人類が自然に立ち向かうあれこれの対処論の一つだという矮小化した主張をも誘起する。アインシュタインはその危険性を鋭い感覚で悟って、「認識とは対象に従うこと」から離れることに異議を唱えたといえる。こうした、「真理の構図」をめぐる論議の歴史を踏まえることも大事であり、私も「量子力学とワイマール期の文化」（拙著『科学と人間』第3章）などを他で論じているが、本書では、こうした論点を量子力学の内部に目を向けて考えてみる。

4－4　量子力学の理論的部品

状態ベクトルをめぐる解釈

　量子力学の中で、対象と認識を結びつけているのは状態ベクトルである。また、古典理論にない新参者はこの状態ベクトルであるから、解釈論争もこれの位置付けが主題となる。認識には五感や実験装置といったハード面だけでなく、情報処理のスキームというソフト面も織り込まれている。このように認識に「ハード」と「ソフト」の二面がある。「ソフト」の原理とは、ベン図で表されるような包摂関係や可能性の大小を論ずる認識のスキームで、論理にも物質のマクロ的有り様と関係して論じられていることに注意を要する。何れにせよ対象と認識の関係で見るなら、両者を繋ぐものは確からしさの尺度である確率である。そして確からしさとは認識者の信念の強度であるといえる。すなわち、不確かな対象というよりは認識者側の状態に関わる概念であるといえる。

　こう考えると確率を計算する状態ベクトルは、対象と認識の中間に認識者側が持ち込んだ数学的なツールに過ぎないようにも思える。その一方、対象の時空的実在に結びついた物理量が、オペレータとして状態ベクトルに数学的に作用するから、状態ベクトルをそれら時空的実在から引き離すのは難しいようにも思える（ここで"時空的"とは時間と空間だけのことだけでなく質量、エネルギー、力の大

きさも含む、次元をもっと物理量で記述される存在である)。このため量子力学を単純に統計学のような数理ツールに解消することにも抵抗がある。

「h のない」量子力学

　もし数理ツールとみなすなら、エネルギーや運動量といった物理量も一種の数理ツールに過ぎないと、全てをツールとして道連れにする極論が登場する。それも検討の価値があるとは思うが、状態ベクトルとこれら時空物理量の数理ツール度の程度には大きな差があると私は考える。

　そこで今のところ量子力学は「h のある」と「h のない」の二つの異質な部分の合体であるという折衷的見方をしている。「h のある」時空物理量の部分と「h のない」状態ベクトルの数理ツールの部分である。「量子力学とは h のこと」という言い方からすると自己矛盾のようだが、h の出現が「h のない量子力学」を創生したと見ている。状態ベクトルに時空次元がなく、それを変化させるユニタリー変換で時空量を無次元に解毒するのが h である。

数学による認識

　ここで浮上するのは数学的存在と自然的存在の関係である。ニュートン以来の物理学の手法は、存在の振る舞いを数式で表現することであった。逆にいうと、数式で表現できるものを対象としてきた。その意味では、使い慣れたエネルギーや角運動量などの時空物理量と有意な数式上の関係を持つ状態ベクトルは、従来の数式物理量の一員である

ともみなせる。

　ここで数式物理量の物理学上の身分を論ずるには、存在論的と認識論的の視点が有用である。物理学的に狭義の存在論的とは時空的存在である。4次元時空に制限しなくてもいいが、必ずそれを含む時空がある。対象が固有の物理量を背負って時空に存在し、それを数式で表現する、これが一番スッキリした数式物理量の観念である。

　しかし、古典物理でも、数式物理量はそういうものだけではない。第1章の「観測者の登場」で見たように、熱力学や統計力学の物理量には認識主体の必要上あるいは便利さのために、密度とかエントロピーといった数式物理量が登場している。個々の原子は密度という物理量を背負っておらず、原子集団を連続体に粗視化して記述する際に新たに現れるのが密度である。対象が背負う固有の物理量から演繹されるから原子の物理量と同じ身分だともいえるが、平均の仕方は認識主体がらみで決まることであるから、質的に違う存在であるともいえる。

　ここで「認識者がらみの存在」を対象の方に組み入れるか、その逆に認識する側から対象に手を差し伸べたものと見るか、というメタ問題が生ずる（図0-3）。ここで「認識とは対象に従うこと」という見方が自明でなくなる。状態ベクトルの身分を考える際にもこの区別を意識せねばならない。

　時空上の「存在」と同様に「出来事」を数学で表現すると、時間的な因果律が前面に出てこざるを得ない。本来一つのイデオロギーに過ぎない因果律を、自然に押し付ける

ことによって、古典物理学の成功があった。その後、因果律を確率的傾向性に幅を広げる数理的な手段が開発された。量子力学の確率的性格はこの手法の数理面での拡張という見方ができるが、その数理的な概念が存在論的か、認識論的かが問われてくる。

4−5 「状態ベクトル」の見方で分類する

「対象に固有」と「参加者主導」

　数理で表現された物理量の見方でも、社会の中での科学の見方（科学のメタ理論）と関連することを述べてきた。そして解釈問題の核心は、量子力学で新たに登場してきた状態ベクトルをどう位置付けるかであり、科学のメタ理論と関連するという本書の筋書きを述べてきた。

　そこでいよいよ、そこに入るわけだが、解釈論争の歴史はここで述べたような「科学のメタ理論」との位置付けでなされてきたわけではない。またこのテーマが科学界のメジャーな課題ではなかったという歴史のために、相互の対決が少なく、様々な主張が並列して放置されている、いわば「いいっぱなし」の世界であったという事情がある。

　そこで、ここでは"散らばっている"解釈のある分類を提示し（**図4−1**）、注釈するに止める。表の中に記した「理論」名は、あくまでこの分類表上の分類であり、提案者の意図による分類ではない。

A 対象に固有な実在論	B 参加者実在論
Aa存在論的 　先導波 ボーム 　物理的収縮 GRW 　多世界 エヴェレット 　可能性論理 modal Ab認識論的 　アインシュタイン 　ベル 隠れた変数 　デコヒーレンス 　整合歴史	Ba知識に関する 　コペンハーゲン解釈 　ホイラー「参加者」 　関係論 　ザイリンガー Bb信念に関する 　QBism

図4-1　状態ベクトル解釈の分類
(この分類表は A.Cabello, arXiv：1509.04711v1 を参考にした)

　まず大きく「認識とは対象に従うこと」の立場Aの「対象に固有な実在論」と「認識とは参加者が主導する対象への働きかけ」の立場Bの「参加者実在論」に大別する。

「存在論的」な「対象に固有」

　Aa「存在論的」は、状態ベクトルを文字通り従来の質量や電荷のような物理的存在と考えるものである。粒子の運動を先導する場があるとするボームの先導波説は直感的で分かりやすいが、単粒子系を出て多粒子系や場に適用するには煩雑であり、一般理論（図2-1）の体系としては成功していない。波動関数の収縮を、ベクトルの射影でなく、物理的収縮過程として扱う GRW（Ghirardi, Rimini, Weber 1986年）の試みもその一つである。

　エヴェレット（Everett）の多世界解釈は数理的には標

第4章 物理的実在と「解釈問題」

準の形式と同じもので、使う言葉の差にすぎない。重なった状態の全てが実在として、二重スリットやMZ干渉計で何れの経路の二つの可能性を二つとも実在する世界と呼ぶもので、認識主体の精巧な定式化に欠けている。なおインフレーション宇宙論での多宇宙は互いに時空構造的に地平線の外にあるマクロな実体としての多数の膨張宇宙を描くもので、エヴェレットの多世界とは存在論として別物である。多世界は互いに干渉するという意味で無関係の世界ではない。多世界とインフレーション説の多宇宙は別物だが、数式物理量を全て実在と解釈する物理主義の立場においては共通するところがある。

エヴェレットの多世界解釈は、量子計算での超並列処理をイメージするのには便利であり、数理的形式として有効な視点でもある。この見方が引き起こす"狂乱の (crazy)"世界像は、重なっている各世界をマクロ的世界とみなすことに起因する混乱である。

人間を自然に置いた際に現れる内的世界と外的世界の区別を無視する議論であり、量子力学が炙り出しているマクロ的世界の認識者依存の特殊性を直視していない。その特殊性を忘却し不当に拡大しているのである。ここで「不当」とは、そう考えねばならぬ実験的根拠なしにという意味である。第1章で述べた「観測者の登場」を経て、マクロ世界の物理理論がひと皮むけた歴史を考慮していない発想に思える。数理的存在にも「参加者」の「文化遺産」が含まれるのである。

次の「可能性論理」とは「可能性と必要性」の判断で構

成される様相論理学である。ミクロの新存在は古典論理の言明をはみ出しており、論理学を変えるべしという立場である。いわばツール（論理）を取り替えることで実在に対する従来の態度は変えない、という意味でAaに分類した。もちろん、論理が違えば存在論の位置も変わるという立場もある。その意味では、前述のマクロ的世界という「文化遺産」の一つである古典論理の特殊性が炙り出されているともいえる。すると、こうした論理、整合性、因果律、秩序といったマクロ世界の「文化遺産」の形成を駆動したものは何なのかという課題に問題は移行する。

「認識論的」な「対象に固有」

　Ab「認識論的」は、存在自体のイメージを変えることなく、同一の存在がミクロ的にもマクロ的に振る舞うことを数理的認識によって理解できるとするものである。具体的には粗視化・混合化などであり、原子が飛び交うニュートン的世界像と熱力学・統計力学を結ぶ際の「観測者の登場」を見習うものである。密度やエントロピーや干渉分布は認識のための二次的量だが、その根拠として「対象に従う」態度を変えたものではない、ともいえる。アンサンブル理論、デコヒーレンス、「整合歴史」やアインシュタインもこの立場であったといえる。多くの構成要素の統計的平均を想定するアンサンブル理論や、重なった状態間の位相関係が失われるとするデコヒーレンスは、不可避的な擾乱が秩序を形成すると考える。法則を、「要素還元」と「創発（emergent）」のように多層化すれば、量子力学は「創発」

でありその背後に「要素還元」があるという考えである。「整合歴史」とは、因果関係と時間をランダムな世界から抽出する試みである。ランダムな世界像を究極なものとみなすか、それ自体がまた「粗視化・混合化」だとみなすかで立場は分かれる。ただし、この立場に共通することは、いかに認識構造を多層化するにせよ、あくまでベクトルは図0-3(a)の向きであり、図0-3(b)と異なるという点である。しかし、EPR論文が提起した「対象が予め値を持つ」が実験で否定されたことは、単純なこの立場を不可能にしている。また第5章5-2の「EPRとERの融合？」で触れるような、量子時空の「創発」として量子効果をみなす、真正対象探しの多層化は、"身近な"原子次元の量子現象を見る視点とは別次元であり、明快さは失われてくる。

「知識に関する」「参加者主導」──「コペンハーゲン」

　Ba「知識に関する」に移ろう。これは、Abと歴史的には異なった動機があるように思う。一つは従来のマクロ世界の法則性との明らかな矛盾を目の前にして、混乱の沈静化を図ろうとした、「収縮」「不確定性原理」「相補性」の三点セットからなる「コペンハーゲン解釈」のボーアやその忠実なフォロアーであろうとするホイラーの動機である。矛盾を呑み込んでしまう、新たな枠組みの必要性を感じて、「参加者」が登場したのだろう。ボーアはとっさに相補性という言葉を出した。しかし、これは後述するように、当時の物理学を飛び出し、あるいは自然科学を飛び出

して、あるいはヨーロッパ近代をも飛び出していたともいえる。

広く世の中を見渡せば、同一の存在を多面的に捉える多様な営みが社会的に並存している。しかし、例えば原子的ミクロ世界についての既成の物理学と異なる語りを、世間は怪しげな営みとして排除するであろう。多様性にまつわるこうした現実があることを認識しておく必要がある。「対象に従う」を外した途端に"なんでもあり"とぶれるのではないかと不安になるのは、社会が必要とする知識の公共的な性格に配慮が及んでいないからである。これについては終章でまたふれる。

「信念に関する」「参加者主導」――QBism

Bb「信念に関する」についてであるが、「参加者」を持ち込めば、この言葉が発する様々な内容、すなわち意図、意識、自由、情熱、生存、戦略、生死……と並んで信念も並ぶのは当然ともいえるが、ここの「信念」は、確率の二つの見方、「客観」解釈と「主観(ベイズ確率)」解釈、のうち「主観」解釈を量子力学の確率とみなす立場である。

近年、コンピュータでの情報処理の破格的向上でベイズ推論の数理技術が拡がっている。AIや情報通信の技術での確率利用の形態がさらに広がれば、確率の意味合いも変貌するかもしれない。確率を情報不足による制御可能の限界とみるマイナスの見方から、確率は最適制御の手法というプラスの存在に変わるかもしれない。機器の革新とその利用拡大が数理概念のイメージを徐々に変え、その中で量

子力学の見方も変容していくと予想される。

4-6　思想問題と情報テクノロジー

コペンハーゲン解釈

図4-1の分類では「対象固有」と「参加者」で大別したが、私の前書『量子力学は世界を記述できるか』(青土社)では「実在」—「コペンハーゲン」—「情報」という三つに大分類した。「コペンハーゲン」を両極端の「実在」と「情報」の折衷的立場のものとした。前述の私の「hのある」と「hのない」への分割は「コペンハーゲン」の深化だと思っている。「hのない」状態ベクトルは「情報」という立場であるが、「hのある」はAに置くべきか考えた。しかし、今回は「コペンハーゲン」をボーアのとっさの対応の歴史的解釈から「参加者実在論」の典型と分類した。しかし、これは理工業界でひろく流通している「コペンハーゲン」のスピリットとは違うかもしれない。「コペンハーゲン」とおまじないを唱えれば、後は「黙って計算しろ」ですむのがこの世界を生きる知恵であった。私はボーアの思想善導であったといっている(拙著『アインシュタインの反乱と量子コンピュータ』京都大学学術出版会)。

思想激動の時代——多様性

現時点で「コペンハーゲン」を考えるには、二つのポイ

ントを押さえることが大事である。一つは、量子力学誕生時（〜1927年）とその立て役者たちの育った時代の社会思潮であり、もう一つは、近年のテクノロジーの飛躍的進歩である。

　まず「社会思潮」から始める。いまでこそ文化多様性や規範の多様性は広く語られているが、ヨーロッパ近代の理念、ましてや客観性を最も体現しているとする物理学の世界では、「多様性」は受け入れ難いものだった。しかしボーアの「相補性」には、学問の平準的多様性を容認する、いかがわしい「多様性」の臭いがするのである。アインシュタインやボーアよりひと時代まえのプランクがマッハを批判したように（第1章1−2）、物理学の世界では多様性への警戒感が強かった。

　いまでは、様々な分野に分かれ、様々な精神性で、自然科学も営まれている。しかし、物理学のなかでは、自然との関係においては諸分野に階層的序列があり、「対象に従う」ことで一番深く肉薄しているという独占的な精神性が、いまでも強固である。当時の「思想激動」の影響をこのスピリットで回避したようだが、量子力学のモヤモヤにその影響が押し込められて持ち越されているのかもしれない。

「立て役者」たちの育った知的環境

　話を「立て役者」たちの育った時代に戻すと、互いに大物学者であるのに公然と批判せねばならない程に、多様性を唱えるマッハの影響が若者に広がっていた時代だったのである。この「思想激動の時代」は、物理学の世界では物

理学者マッハの影響として語られるが、彼は「激動」の役者の一人に過ぎず、知識社会全般に及ぶ激変であったことに注意を要する。世俗化した学問の基礎づけや非西洋文化の認識、フロイトの心理学の勃興などであり、あまりに広範で、本書に馴染むものではない。

　私には「田舎のまじめな哲学青年（アインシュタイン）と都会のハイカラなインテリ・ボーイ（ボーア、ハイゼンベルグ）」のような対比が思い浮かび、それは彼らが育った社会階層に関係しているかもしれないと推測している（拙著『科学と人間』第3章「量子力学にみる科学と社会思潮」青土社）。広い教養をもつ大学教授の息子ボーアと中小企業主の息子のアインシュタインの対比である。こうした考察は他所でしたいと思う。

テクノロジー・インフラ普及と「参加者」の進化

　現時点で「コペンハーゲン」を考える二つのポイントの、もう一つの外的な要因に移ろう。ボーアからはるかに時代の下がった1980年代以降の、半導体テクノロジーなどの進展で、量子技術が大躍進した現在がある。ここでは、ミクロがマクロにどう創発（発現）するかという傍観者の視点ではなく、マクロ的にミクロを操るという「参加者」の視点が、技術の進歩で展望が開けている。そして、ミクロの不思議さは、それを自在に操れるようになれば、薄まってくるだろうと推測される。異世界とはそれを制御できないことの意味であり、制御可能になれば常世界に転化する。参加者実在論の核心は、この制御技術と密接に関わってい

る。生活インフラとして日常接している電磁気や情報通信でも、考え出せば宇宙の始めと同格に深遠な異世界であるのに、そう感じられないのは、それを制御できているからである。それは素人も専門家も同じである。制御に「支障のない」理論はすでに手にしているのに、テクノロジーが追いついていないことが「不思議」の源かもしれない。

　テクノロジーをキーポイントにする「不思議」のこうした捉え方は、図0-3の自然認識のベクトルの方向を逆にする視点に関係する。また、制御をキーワードにすると、実験室的でない自然観察的な科学の再位置づけが必要になる。地上あるいは人工衛星の及ぶ世界では傍観者的視点を参加者視点に見直すのはさして問題はない。また従来の天文学でもある理論の検証のために、パラメータを動かして能動的に多様な存在を秩序立てるという意味で、参加者視点は可能である。多様性の語れなかった惑星系や生命についても、技術が進歩すれば参加者視点が可能であるが、残る問題はただ一つしかない膨張宇宙である。そこに同じ手法を持ち込もうとすれば多宇宙のバーゲンとなるのである。

4-7 「整合歴史」と「デコヒーレンス」

「得る」と「使う」をつなぐ時間

　分類表にある「整合歴史」と「デコヒーレンス」につい

て、補足しておく。「整合歴史」論にはIGUSという「参加者」が登場している。インフォメーションIを得るG(get)だけでなく、使用するU（utilize）能動的なシステムSが理論に加わる。「使う」には主体に意図がなければならない。また、「取る」と「使う」の二つの行為の間には、意図で方向付けられた非可逆な時間が現れる。「得る」と「使う」の関係は、可逆でもいいような、刺激に対する無意識の応答ではないのである。ハートルとゲルマンは過去・現在・未来の起源をIGUSに求めている。「得る」と行為の連鎖の主体の戦略が確率論であるとすれば、個々のミクロのイベント情報を得るのでなく、現象を確率過程に見える程度に粗視化して、情報を得る戦略をとるのである。これはランダムな光子到着を干渉縞という秩序とみる二重スリットやMZ干渉計の戦略をとっている、といういい方になる。

認識過程の物理過程への取り込み

ここでいう「歴史」とは、認識主体の過去・現在・未来をつなげる合理的因果性であり、それを行動戦略とする思想である。1950年代にラジオ番組ではやったゲーム「20の扉」でのステップの流れは非可逆であり、ある質問への回答から次の質問を決めるのは、探求対象ではなく明らかに探究する側の作動である。自然の探求でも実験計画は物理過程ではないが、そこで発せられる発問へのイエスノーを返す過程は物理過程である。この意味での認識過程は、物理過程と非物理過程の連鎖によって構成される。

正に「20の扉」は参加者実在論ともいえるが、主体の

作動を脳も含む身体という物理系に投げ出すのかどうか、という言葉の曖昧さの分析が必要である。例えば、猫の生死というとき、猫という物質存在をいうのか、生理的働きを指すのか、認知状態をいうのか、を明示して議論せねばならない。感覚機能や脳科学や認知科学にまつべき課題も多い。

デコヒーレンス

　干渉効果を示す重なった状態が、状態間の干渉効果を失うことをデコヒーレンスという。干渉効果の喪失には、データ整理の段階での粗視化と、制御不可能な環境に浸されていることによる客観的粗視化がある。後者の意味での粗視化はデコヒーレンスと呼ばれる。IGUSのような認識主体の意図による粗視化だけではなく、客観的なものであるという立場である。その変数で区分された状態間でデコヒーレンスが起こるという、特別な変数（ポインター変数）が環境によって自然に選ばれるのだという考えもある。ここでも図0-3の二つの矢印の可能性がある。

　しかし、たとい観測者の介入なしでのコヒーレンスで客観的な確率過程の物理系に移行するとみなせたとしても、現実は複数の可能世界の混合した統計集団である。だから「対象が予め値を持つ」という立場では、この世界はこの統計集団の一つとして現実化している、となる。そこで統計集団のアンサンブル平均と時間平均の同一性を証明するエルゴード問題が発生する。

　マクロ物質系では、揺らぎによって構造形成や自己形成

が立ち現れることが、プリゴジンらが明らかにしている。散逸系であっても崩壊せず、異種の外部に支えられた「自己」が形成されるのである。

単一選択

　ズーレックは「測定される系 S」―「測定装置 A」―「環境 E」の三つ巴の全体系を設定して、デコヒーレンスによる「古典化」を考察している。「S」―「A」の情報がエンタングルによって大自由度の「E」に広がり、そこで発生するデコヒーレンスの平均的秩序が「S」―「A」に還流して、観測される状態の「単一選択（einselection）」を導くことがあることを示している。そして、古典的に振る舞う物理変数はこうしたものであるという、量子系から環境により誘導されたものとして古典系を位置付けている。

　ズーレックはこのモデルで我々の古典物理の世界の存在論を説明する試みをしている。認識主体の「意図」や「信念」を観測問題から放逐し、物理過程だけにより古典物理の世界が導出できるとしている。しかし、彼も指摘しているように、これには未解明の認知過程での脳という「E」の特殊性を持ち込むことであり、「傍観者」実在論とは対極の古典世界の認識者依存を誘発するものである。

情報は物理である

　古典物理学では「情報」は「物理」から存在論的に峻別されている。「情報」は現実のものでなく認識者を介して「物理」から部分的に抽出された二次的な存在で、触ってもみ

れず、筋の通らないものを含む、フワフワしたものだと。先に記した素朴実在論の「踏み絵」も情報に対するこの発想からくる。ただし「情報」を得ることで物理的存在が変わるとする量子力学はこの柵を取り除くことを要請しており、量子情報の研究が拡大している。

　そして、包括性を求める学的営みでは、情報処理能力の向上で、一挙に、「情報」学が全てを呑み込む可能性もあるが、学問の目的はこういう抽象化や「統一化」にあるのだろうかという、社会の中での学問論が提起される。これについては終章で戻ろう。

第5章

ジョン・ホイラーと量子力学

5−1 ジョン・ホイラー 追悼文

ブラックホールの名付け親

　本書は冒頭のマンガ絵（図0-2）に提起されている「傍観者」「参加者」という問題提起から始まったが、この絵は、ホイラー（**図5−1**）が多くの研究を重ねた70歳前頃に描いたものであり、この絵の問題提起を理解するには、彼の長い間の研究者経歴を知るのは有意義であろう。彼が逝去された際に、『日本物理学会誌』に私が追悼文を書いたが、彼の経歴を手短に述べているので、まずそれを再掲しておく（小見出しなど加筆）。

「2008年4月13日ホイラーが亡くなられた。1911年7月

図5−1　ホイラー

生れで 96 歳。多くの俊英を魅了した大メンターであった。大往生であり、ご冥福を祈る。"ブラックホールの名付け親"と報道された。1967 年、パルサーの解釈をめぐるある講演中 "gravitationally completely collapsed object" と何回も繰り返していると聴衆の誰かが "black hole でどうか？" と言ったのを耳にとめ、使い始めたのだという。

ファインマンの指導教官

 ジョンズ・ホプキンス大卒、1933 年 PhD 後、すぐボーアのもとに留学。帰ってノースカロライナ大に職を得る。彼にはファインマンをはじめ数多くの研究者を輩出させたプリンストン大学のドンというイメージがある。プリンストンへの道は、この後に高等研究所への 3 ヵ月の短期ビジットに応募したことに始まる。当時、高等研究所は大学に間借りしていた。アインシュタイン、フォン・ノイマンに惹かれて行ったのだが、物理教室主任のスマイスにも気に入られ、1938 年からプリンストン大のメンバーになった。そこにファインマンが現れ、彼のもとで PhD を取得し、すぐ戦時研究に徴用された。PhD のテーマが sum-over-history（現在「経路積分」とよばれるもの）で、その後も彼はいつも "名付け" に凝っている。

 マンハッタン計画では主にウラン濃縮に携わった。戦後、大学に戻るが 1950 年からまた水爆開発に参加し、ロスアラモスに 1 年滞在してテラーに協力した。滞欧の最中に、AEC 委員長になっていた嘗ての教室主任スマイスから電話で勧誘され、本国の空気を知らず "欧州を共産主義から

守る"と決めたようだ。ライマン・スピッツァーは1年後に大学でも水爆研究の拠点を作るからといって彼をロスアラモスから引き揚げさせている。

一般相対論へ

量子力学の講義は他の教員に移っていたので、この「出戻り者」に学部の講義として一般相対論が割り当てられた。この科目は新設で、彼も急に勉強を始めた。戦前戦後の研究は核分裂の理論、Sマトリックス、などの原子核、素粒子が中心だったが、この講義担任で一般相対論との接点が生じた。この接点と急テンポに進む素粒子研究から1年離れたことが、未注目の一般相対論研究への転機となった。

研究・教育・安全保障の三本が彼の学者人生であり、国防の顧問を長く務めた。自伝"Geons, Black Holes & Quantum Foam"（WW.Norton & Company, 1998）のタイトルはいわば自薦の研究テーマである。Geons とは重力場の自己束縛状態のことで、一般相対論の初期のテーマである。mass without mass（質量でない質量）、charge without charge（電荷でない電荷）などと奇抜なアイディアを楽しんだ。一般相対論の大道につながる研究は physics as geometry（幾何としての物理）を掲げた1957年頃からで、geometro-dynamics（幾何動力学）と命名し、後の ADM 形式に繋がった。さらに幾何の量子化を掲げ、レッジェとも協力し、プランク・スケールで泡立つ時空構造 quantum foam（量子泡）というイメージを最初にだした。ここでの成果が Wheeler-DeWitt 方程式、superspace

第5章　ジョン・ホイラーと量子力学

（超空間）、宇宙の波動関数である。さらにこの課題は宇宙論を離れて"観測のない量子系"という問題を誘発し、それに刺激されて PhD 学生ヒュー・エヴェレットの多世界解釈が飛び出し、これが"世に出るよう"にした。

　ブラックホールへの道は一般相対論と高密度物質の両面あり、後者には軍事用計算機が活躍した。1962 年頃からの電波源準星の正体をめぐってチャンドラセカール、オッペンハイマーらの戦前の理論研究を復活させたのがホイル達であった。宇宙観測はさらにパルサー、X 線星を発見して 1960 年代末には 20 世紀科学の金字塔となる分野が登場した。ホイラー、シアマ（Cambridge）、ゼルドヴィッチ（Moscow）らのグループの先駆的研究が脚光を浴び、1970 年以後、大勢の研究者が参入した。観測での現実感がこれらの値打ちを押し上げた。電話帳と呼ばれる分厚い本 "Gravitation"（Misner-Thorne-Wheeler 著）が 1973 年に出版されて一世を風靡した。当時、全米の秀才が彼の研究室を目指したという。

　1976 〜 86 年、テキサス大学に転ずるが、2006 年までプリンストン大学にもオフィスを持っていた。1980 年代から、彼の関心は量子力学の基礎に向かった。これはボーアを師と仰ぐ彼の長年のテーマであり、傍観者—参加者、遅れた選択実験、it from bit（ビットからイットへ）などの議論がある。ハートル、ズーレックなども彼のグループ出身である。

湯川秀樹とホイラー

　日本では、湯川秀樹との関係が深かった。1939 年、第二次大戦勃発でソルベイ会議がキャンセルとなり、湯川は米国経由で帰る際にプリンストンに立ち寄ったが、ホイラーはアインシュタインやウィグナーに会うアレンジをした。戦後、家族でプリンストンに滞在した湯川は、ホイラーと家族同士の付き合いとなった。湯川研から彼のもとに留学して PhD をとった人もいる。

　1962 年前半の数ヵ月、夫婦で京都に滞在し、日本各地を訪れた。この間、週に一回のペースで 7 回ほど京都大学基礎物理学研究所で講義をし、筆者はじめ、幾人かが聴講した。彼の講義熱心は有名だが、両手にチョークをもって板書を操る熱のこもったものだった。ときどき時間前にやってきては、黒板に図を描いて準備していた。筆者の英語ヒアリングの非力さで中身はよく分からず、こういう印象だけが鮮明に残っている。ただ、研究室周囲の誰も知らない話があることに気づいたのは貴重だった。

　その後、筆者は 1973 年秋にブラックホールに関するソルベイ会議に招かれて、出席した際にホイラー夫妻は"ユカワの学生"だといって筆者や家内に親切にしてくれ、有難さが身に沁みた。彼のもとで PhD をとったイタリア人のレモ・ルッフィーニと親しくなったのも、彼のひき合せによる。以来、国際会議でよくご一緒した（拙著『科学と幸福』（岩波現代文庫）参照）。

　1981 年 9 月に湯川が逝去され、小林稔も体調をくずされたが、その 10 月、ホイラー夫妻が突然に京都に来られた。

二人は小林を見舞い、また湯川家を訪ね、仏壇に焼香された。筆者は案内して回ったが、アメリカでの湯川家の一面をみる思いがした。」

　以上が追悼文だが、字数の制限で省略した補足をしておく。1938年のウランの核分裂の実験情報を受けて、原子核が大きく二つに分かれる核分裂の液滴モデルをボーアと共著で発表した。これはその後の原子力開発のなかでデータを整理する上で重要な役割を果たした。この液滴モデルを量子力学で研究したボーアの息子のオーゲ・ボーアらは1975年ノーベル賞を受賞した。

5－2　物理学の核心を追って

粒子・時空・情報

　1950～60年代、物理学の最前線は実験・理論が噛み合って進展する素粒子物理学であったが、ホイラーはそこに没入せずに物理学の基礎概念を深化させる努力をした。その中で「すべては粒子」から「すべては時空」へと進み、最後には「すべては情報」と視点を変えていった。

　シュウィンガー・ファインマン・朝永らによる繰り込み理論の完成以前の「場の量子論」は、無限大の困難に悩まされていた。計算値が無限大になる元凶は場の自由度の無限大にあるから、この難問解決の処方として、「すべては

粒子」を追究した。場を理論から追放して、粒子の散乱（scattering）を記述する振幅を議論するS行列や、すべての経路について加算するファインマンの経路積分、粒子の相互作用を計算するのに便利なファインマン・ダイアグラムなどの不朽の成果はここに発祥がある。

ところが一般相対論に傾倒した後は、「すべては時空」あるいは「すべては場」に反転した。これはEPRと同じ年に提案されたER（アインシュタイン・ローゼン）橋という時空構造（図5－2）を発展させていくものだった。ホイラーはリンゴの滑らかにみえる表面でも、"虫食い穴"によって表面の異なる点が多重に繋がる可能性を指摘して、ER橋に「ワームホール（wormhole）」という名を与えた。さらに、電磁場が小さいワームホールを通って繋がっていれば、ER橋の湧き出し口と吸い込み口がプラスとマ

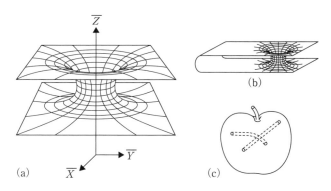

図5－2 ホイラーは、ER橋（a）を大域的には繋がっている（b）としてリンゴの"虫食い穴"（c）のように見立ててワームホールと名付けた。

イナスの電荷と見なすことができるようになる、と。

1960年代は宇宙観測での発見の時代で、ビッグバンやブラックホールは現実のものとなって大進展した。共著論文で「ブラックホールには毛がない」を打ち出したルッフィーニも、重力波発見のLIGOを推進したソーンも、ブラックホールのエントロピーを言い出したベッケンシュタインも、ホーキング放射の先鞭をつけた加速度放射のウンルーも、ホイラーの学生だった。

多世界解釈

ホイラーの時空への関心ははるか以前からのものであり、二つの種を秘めていた。一つは観測とも結びついた天体宇宙の解明であり、もう一つは本書の主題である量子力学の解釈問題である。そしてこの第二の種が「すべては情報」へと飛躍させたのである。

「すべては時空」で様々なトポロジーの時空に対象を広げることで、その時空力学の量子力学版を目指し、膨張宇宙のダイナミクス自体を量子力学で扱うなか"宇宙の波動関数"なるものが登場した。ここでハタと外部の観測者の不在が問題になった。その頃に院生だったエヴェレットの博士論文が現れ（1957年）、1970年代に入ってやはりホイラーの研究室出身のデウイットにより「多世界解釈」というタイトルで出版された。ホイラーは「参加者」が実験で斬りこむことで、初めて宇宙が立ち現れると考えた（図5−3）。

ホイラーの職歴でいうと、1976年にプリンストン大学から新増設の看板教授として招かれてテキサス大学に移

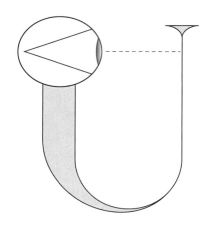

図5−3 ホイラーは宇宙U（右側）を参加者U（左側）が見る自励起する回路として、過去の姿も含め、Uが次第に立ち現れるとした。

り、そこで立ち上げた新研究室は量子力学に特化した。最近の量子コンピュータの話題で登場するドイチェ、qビットと命名したシューマッハ、ペレス、ウータース、デコヒーレンスのズーレックなどは皆ここを通過した。ホイラーは、ファインマンに受け継がれた「すべては粒子」、ブラックホールの「すべてが時空」＝「時空期」の後に、「すべては情報」＝「量子期」というもう一山を築いて世を去ったのである。

It from bit

ブラックホールほどには大ブレークしなかったが、ホイラーの"名付け"やフレーズづくりの嗜好は旺盛で、追悼

文内に幾つか記した。そうしたものの一つに、「It from bit」あるいは逆に「Bit from it」というフレーズがある。「It」とは物理的対象、「bit」とは情報的対象である。これは序章の図（図0-3、4、5）のベクトルの方向と複雑に関係した議論である。「It from bit」は存在とは参加者の情報から立ち現れることを示そうとしたのである。量子力学に傾倒した彼がたどり着いた「すべては情報」の心境であろう。

　ブラックホールの「光も出られない」を力が強くて it が脱出不可と物理的に納得しがちだが、「光も出られない」とは情報交信が不可になることで、「毛がない」とは bit 情報喪失の課題なのである。ブラックホールの機能をも情報学的に読み替えることを提起したのである。

「傍観者―参加者」絵に出会う

　1981年、アジアへの旅行の機会に、ホイラー夫妻が湯川の弔問に京都を訪れたことは前掲の追悼文にも触れた。この時サイン付きで頂いた小冊子（**図5-4**）の中に、本書冒頭の「傍観者―参加者」の絵を認めて強く心惹かれた。この冊子は正味18ページあまりのもので、自分の論文に載せたお気に入りの自作絵やニュートンやアインシュタインの言葉の引用のコレクションである。「傍観者―参加者」の絵は10枚程ある絵の一つである。

　この冊子は、1981年4月2～5日にテキサスで開催した彼の70歳記念の集まりの際に製作したのだが、少人数のこの会の出席者用だけではもったいないと、その後しば

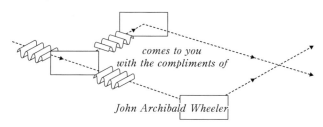

図5−4 「傍観者―参加者」の絵（図0−2）が載る小冊子にあるホイラーのサインと、当時、挨拶がわりに配っていたネームカード。

らく、会う人に名刺代わりに配っていたようだ。討論が主のこの会のスピーカーはホイラー、テーテルボイム、ファインマン、ファン・ニューヴェンハウゼン、ウィッテン、ワインバーグと錚々(そうそう)たる顔ぶれの6人で、リストにある出席者は20人に満たない。

会のタイトルを"The Way Ahead（前進の道）"と銘打ち、テーマとして「自然は理解可能な構造だとの視点で、どんな進展を未来に見、現在どこに立っているのか？」を掲げている。彼自身の講演タイトルは「Law without Law を示唆するものとしての量子」である。X without X というフレーズは「本当は X でないが X として扱うと便利」という意味で使っている。

この「傍観者—参加者」の絵がいつ描かれたのか定かでないが、1979年のアインシュタイン生誕100年記念でいくつかの招待講演には登場している。そうした記録によるとこの絵を見せて、「20の扉」ゲームで、挑戦者は自分で問いを発し、イエス・ノーの回答をヒントに解答に接近する、という話をしている。「このゲームでは、発問とそれへの回答の言葉が現れるまで、その言葉は言葉ではないのである。量子力学の実在では、記録された現象になるまで、基本現象は現象でないのである」。

1983年にはホイラーとズーレックの編集で『Quantum Theory and Measurement』（Princeton University Press）というこの課題の古典論文集を出版した。進呈された810ページもある分厚い本を眺めながら、ブラックホールなどの彼の「時空期」の業績が最高潮にもてはやされている最

中に、当のホイラーがなんで「量子期」に耽っているのだ！という感慨をもった記憶がある。

EPRとERの融合？

1970年代後半、"It from bit"と、ホイラーが「時空」から「情報」に急に転じたようだが、この頃には、ブラックホール（BH）のエントロピーという両者を繋ぐテーマが浮上したことも結節点である。プリンストンの彼の研究室（**図5-5**）にもいたベッケンシュタインが「BHの熱力学」、ケンブリッジ大学のホーキングが「BHの（黒体放射による）蒸発」といった、地平線という情報が一方通行の特異な時空構造に絡む、新たな課題として登場したのが1970年代中頃である。

図5-5 プリンストン大学のホイラーの研究室風景（1972年頃）
黒板に描いているのがホイラー。

本書では扱っていないが、このテーマは、その後、ストリング理論にも関係する大展開があった。そしてBHのエントロピーも量子エンタングルと関係していることが解明されている。この道を推し進めると重力は熱圧力のような熱力学的な力であるとなる可能性もある（拙著『科学者、あたりまえを疑う』（青土社）第4章「重力はエントロピーの『情報力』」）。

　アインシュタインもホイラーもこの進展を見ずに他界したが、量子力学の統計性の原因にプランク・スケールの時空の"穴だらけの構造"があると夢想していたと考えられる。EPR論文の前に、アインシュタイン（E）とローゼン（R）はER橋（図5-2）の論文を出しており、ホイラーも盛んにこのアイディアを喧伝していた。「統計性」が"穴だらけの構造"を"滑らかな時空"に粗視化する平均化する過程に起因するというものである。

　このテーマは今後に発展があるかもしれないが、時空という対象に関する量子力学であり、量子力学のモヤモヤや不思議は、すでに原子レベルとマクロの間で起こっている。ずいぶん次元の異なった課題であり、時空問題で進展があっても、「解釈問題」が解消することはないであろう。

ホイラー回顧

　最後に、ホイラーの思い出をもう一つ加えておく。手元に1979年9月14日付のホイラーから私宛の手紙がある。ルッフィーニと共著の『ブラックホール』（ちくま学芸文庫）をホイラーに進呈したことへの礼状だが、次の一節があ

る。「私もあなたと『観測の量子力学』という本を同様にできればよかったと夢想します。物理の他の課題では授業をやると学ぶことが多いことを見出してきた。ところがこの課題だけ違う！　昨年、私はこの課題で授業したが、授業前よりも授業後の方が分からなくなった。それを記したものを別便で送ります」

その後、彼には相対論のマルセル・グロスマン（MG）会議の折に何回かお会いする機会があったが、拙著『科学と幸福』（岩波現代文庫）には水爆実験をめぐる彼との対話を記してある。

1998年、私の還暦記念の国際会議の際の晩餐会の挨拶で「追悼文」冒頭に記したホイラーの京都での連続講義に触れた。するとハートルの奥さんがアプローチして来て、「私はホイラーの娘です、ありがとう」と声をかけられた。足掛け30年近くも続いた想いに華を添えて頂いた。遅ればせながら本書をホイラーに捧げたい。

終 章

量子力学に学ぶ

「思い込み」の自覚

　量子力学のモヤモヤは、雲が晴れるように、一冊の本を読んで晴れるなどということは決してない。ファインマンが言うように(後の200p参照)、こうあるべきだという「思い込み」と現実の間の齟齬にモヤモヤの火種があるのだ。計算問題の正答は一つだが、誤答の種類は無数にあるように、個人により「思い込み」の種類は違っていて無数にある。だからこういうモヤモヤの考察は、自分の「思い込み」を自覚する、自分との格闘なのである。世の中で大事なことはこの量子力学のモヤモヤだけではないが、これが挑戦しがいのある第一級の課題の一つであることは間違いない。本書もこの思考力を鍛える挑戦の一助になることを願っている。

　大事なのは、様々な生業(なりわい)、様々な人生のなかで、自分の出会った現実と絡ませて考察することだと思う。その視点から自分の経歴の中でこの課題とどう関わってきたかを、随筆風に紹介したいと思う。

「昔の学部生」

　2001年に学生時代から居続けた京都大学を退職して甲南大学に移り、2014年の春まで在職した。移動が少なかったので旧(ふる)いものが一杯溜まっていて、甲南大を出る時には旧い段ボール箱の中の半世紀以上昔の過去と再会した。ボーアの1931年Springer発行の『原子理論と自然の記述 Atomtheorie und Naturbeschreibung』の海賊版が出てきたのもその一つだが、中を見ると「II 量子仮説と原子理

論の最近の発展」には書き込みがありドイツ語の字引きを引き引き"読んだ"形跡がある。また私も寄稿した量子力学評論集のようなガリ版刷りの冊子も出てきた。記憶は曖昧だが、学部3〜4年生の頃誘われてこの文献の購読会に出て、文章を書いて冊子をつくり、同級生や他校生に売ったりしたようだ。

このボーア文献の翻訳を収める山本義隆編訳『ニールス・ボーア論文集1 因果性と相補性』(岩波文庫)の訳注によると、初めての邦訳は1960年で『世界大思想全集35』(河出書房新社)に載ったらしいが「購読会」は1959年以前だ。湯川研助教授の井上健も当時こうした翻訳をしており、彼の示唆で誰かが呼びかけたのだろう。第1章で「昔の学部学生は世界の巨匠と直結」と述べたものの一例である。1960年代半ばまで存在したこうした雰囲気はその後急速に消滅し、その後は「ペーパー(論文)、ペーパー……」という現代に通じる職場に変貌した。欧米留学からの帰国者がこの頃に増加したことで、雰囲気が変わったと私は思っている。

「アインシュタイン生誕100年」

私も人並みにこの「ペーパー」競争に参入したので、学部生時代の量子力学「病」が今に持続したわけではない。欧米の実験で1962〜65年あたりにブラックホールやビッグバンが発見され、傍見もせずにそれを追いかけて、1974年には京都大学の教授になり、「物理学とは……」といったことを少し広く考えるようになった。1979年の「アイ

ンシュタイン生誕100年」もその機会だったが、宇宙での一般相対論の活躍と素粒子標準理論の確立が共に物理法則の幾何学化などの厳密科学の開花として謳歌される中で、誰も量子力学で「孤独になったアインシュタイン」（拙著同タイトル、2004年、岩波書店参照）が語られることはなかった。

アインシュタインの四つの顔

図Aにはアインシュタインの四つの顔を載せた。キーワードでいえば、「革命」「力強い」「夢」「ハイテク」の変遷である。図Aの一番目（a）の「革命」は、20世紀の末に雑誌『TIME』が選んだ「世紀の人」の第1位に選ばれたアインシュタインで、第2位はフランクリン・ルーズベルト、第3位はガンジーと、まさに世界を変えた人物の一人という位置付けである。彼の「革命」は欧米精神世界へのインパクトである。一夜にしてアインシュタインを世間の有名人に仕立てた「1919年の一件」には、拙著『孤独になったアインシュタイン』で精述したが、「終戦の虚脱感と開放感のまじり合った時期に交戦国同士の科学者が協力しあってニュートン以来の大発見をしたという美談なのである」。この衝撃は旧世代と新世代の断絶を伴う量子力学への飛躍を可能にした背景でもある。

図Aの二番目（b）の原爆を背景にした顔は「力強い」科学技術を象徴するものであり、三番目（c）は彼の「生誕100年」時の物理学の盛り上がりを「夢」、すなわち、「力強い」だけでなくロマンをもたらすという「再発見」

終章　量子力学に学ぶ

(a)
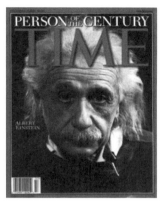

(b)

(c)

(d)

図A　アインシュタインの四つの顔　(a) 革命、(b) 力強い、(c) 夢、(d) ハイテク。『TIME』誌の表紙は (a) は 2000 年、(b) は 1946 年、(c) は 1979 年。(d) は 2005 年『APS NewsLetter』。

だとされた。そして四番目（d）は、「驚異の1905年」から100年を記念に国連で決議した「世界物理年」の時に、米物理学会の月刊紙『APS NewsLetter』に掲載されたマンガである。アインシュタインは屋根の上の太陽電池を眺めて「ソーラーパネル会社の株をもっと買っておけばよかった」と言っているのだが、こころは「あれは俺が発明したものだから」である。たしかに、現在のハイテクの基礎は光子と電子の光電効果が出発点だったといえる。

こうした絵は社会からみたアインシュタインの様々な顔を映し出していると言える。日本では圧倒的に（c）の「夢」や「ロマン」の対象として人気を集めているが、（b）や（d）のような巨大な進歩を遂げた20世紀の科学技術の顔でもあるのである。それにしても、世の中は「いい加減」というか、同じ人間の偉大さの基準がかくも変動するのである。

ちなみに『TIME』誌選定「20世紀の人」の科学・医療・技術の20人は、アインシュタインのほかは、フェルミ、ショックレー、ハッブル、ワトソンとクリック、カーソン、フロイト、ピアジェ、チューリング、ゲーデル、ライト兄弟、ゴダード（ロケット）、ファーンズワース（テレビ装置）、バーナーズ＝リー（計算機）、ベークランド（プラスチック）、ヴィトゲンシュタイン、ケインズ、ソーク（ポリオワクチン）、フレミング（ペニシリン）、リーキー一家（人類のアフリカ起源）であった。

ハイテクの父

ICT革命をハード的に支えたシリコン技術の隆盛がア

インシュタインに「ハイテクの父」を献上したのだ。この隆盛はパソコンやUSBメモリーの価格破壊で我々も実感したが、このハイテクが可能にした実験で量子力学論議も一皮剝けたのである。

2005年の「世界物理年」のときノーベル賞予測の新聞記者から、「記念年絡みでアインシュタイン関係のものだと思うが、宇宙物理の目玉は何ですか?」と聞かれ、とっさに「宇宙ではなく、光子だよ」と答えたが、結果はやはり量子光学の理論と実験であった。私は「世界物理年」決議の経緯を知っているが、フランスのレーザー学者たちがユネスコへ提案したことから始まったのである。日本ではアインシュタインというと第三の「夢」を想起しがちで、第四の顔が語られないのは残念であった。

日立シンポジューム

自分のことに戻ると、量子力学論議をハイテクの興隆と結びつける視点に気づかせてくれたものに、日立製作所中央研究所が1983年から始めたISQM「量子力学の基礎と新技術(in the Light of New Technology)」がある。初めの頃に出席したことがあった。昼飯のとき日本の研究者の間で「情報を消去すると熱が出る」を巡って議論していた記憶がある。「情報」と「物理」の出会いのはじまりであるが、いまではこの「消去熱」の排熱がスパコン開発の最大の克服すべき課題として立ち現れている。また1985年の「メゾン50」会議にやって来たファインマンが仁科講演会で現在の「量子計算」に当たるテーマについて講演し

たと聞き、「なぜファインマンが計算機なのだ？」と訝った記憶がある。後に知ったことだが、彼はこの頃カリフォルニア工科大学で「情報学とコンピュータ」の学生向け講義を受け持っている。1988年に亡くなられた後に、その講義をもとに『Feynman Lectures on Computation』、ed. by T. Hey and R. W. Allen（Westview, 1996）が出版されている。

いつの間にか「宇宙」から「量子」へ

　ISQMにやって来るホイラーとつながりのある研究者たちが観光で京都を訪問する際にお世話をした縁で、フィンケルスタイン、ハートルやズーレックと量子力学解釈談義をする機会があった。1992年に来たズーレックには編集委員長をしていたPTP誌に招待論文（Vol. 89 (1993), Feb.）を書いてもらったこともあった。また本業の宇宙物理でCOBEによるCMB（宇宙背景放射）の揺らぎが1992年に発見され、その起源が真空状態の場の量子揺らぎの古典揺らぎへの転換であるとする説が登場し、研究室でもこの「量子」から「古典」への転移といえる「デコヒーレンス」などが研究テーマに登場した。私もこの頃からハートルやズーレック論文を起点に、広く解釈論議をサーベイして発表したりした。

　1995年頃、巨大整数の素因数分解のショアのアルゴリズムで量子コンピュータが広く話題になり、一般相対論研究の仲間であった細谷暁夫がその専門家に転身しているのに驚いた。勉強も兼ねてアイシャム著『量子論』（吉岡書店）

を佐藤・森川雅博で翻訳した。

2001年、甲南大学に移って、与えられた大学院の講義題目は「宇宙物理学」だったが、状態ベクトルやパウリ行列での量子力学の講義をはじめ、途中から「量子力学特論」と題名を変えてもらって講義を続け、これをもとに『量子力学ノート ─数理と量子技術─』(サイエンス社SGCライブラリ102、2013年)を出版した。『アインシュタインの反乱と量子コンピュータ』(京都大学学術出版会、2009年)のように、著作も「宇宙」から「量子」に変わった。

「理論物理」の輝きとは

プラズマ物理と宇宙線起源から自分の研究生活をスタートしたが、そこで関心をもった電波天文によるビッグバンやブラックホールの突然の大発見やSN1987Aの出現などで、相対論的宇宙物理や素粒子宇宙論の勃興に身を投ずることができた。理論物理学者として、「血湧き肉躍る」対象に巡り会ったのはラッキーであった。諸々の対象をバッサバッサと解き明かす理論物理学の醍醐味を満喫した。それはミクロの物理学の成果を宇宙に持ち込むフロントであったが、ミクロ物理の「一般理論(第2章2-1)」である量子力学のモヤモヤは気になる課題だった。だがこれに没頭して職業生活が営めないことは当時の常識であった。ジョン・ベルやこの分野の初期の実験家の「二重」研究生活ぶりが多く語られている(A. Whitaker, "John Stewart Bell and Twentieth-Century Physics", Oxford UP)。

私自身の研究歴の中で、前述したような量子力学への傾

倒が始まったのは、もちろん、京都大学定年（2001年3月）による生活する環境の激変を考慮した、老後の展望を意識したからでもある。「法人化」前での定年教授の現実をつぶさに認識していたから、自力で知的に生きていける方策を探る深層心理が働いたと思う。また、ホイラーに重ねるのも烏滸(おこ)がましいが、一度しかない人生、"一筋でない"知的贅沢への憧れもあったかもしれない。通勤先が変わるなど、日々の生活の明白な変動が、頭の切り替えをも刺激して、「深層心理」が行動に転移したのであろう。

「量子力学解釈論議」に再会して

1990年代後半にこの課題に40年ぶりに再会しての印象は、一つは何度も触れた「新技術」の登場と結びついた新たな活況であり、これは学界全体で広く共有されていたことである。もう一つは、私独特のものともいえるが、基礎科学の研究状況を変えた1993年の、米国で建設中の大型素粒子加速器「SSC」の建設中止・解体の余波との絡みである。この事件の衝撃は『科学と幸福』（岩波現代文庫）に記した。日本ではあまり意識されていないが、私は冷戦崩壊後の科学界変貌の「潮目」と見ている。新世紀に入る頃から、理論物理でも世界的に見るとストリング理論一本やりだった研究センターが量子情報と二本立てにするような変化が見られ始めた。

科学者は「坊主か？ 職人か？」と問いかけをその頃にしたが、同じ量子力学の数理を見て、「坊主」は多世界を説教し、「職人」はqビットの並列処理に熱中する。本書

の意図には「SSC中止」で提起された科学の社会的文化的問題の考察に「新技術」の量子実験を糧にしたいという想いがある。

「新技術」にはハードとソフトの両面があり、ハードでの展開を可能にしたICTビジネスの拡大や「実験」もソフト＝情報科学の興隆とあいまった成果だ。「再会」までの間に物理学と「情報」の間に起こった"it from bit"という変化は、ホイラーやファインマンの転身を見るにつけ、気になることだった。

「運動」と「計算」

このソフト「新技術」の情報科学と理論物理学のツールは酷似の数理科学であるが、その精神性は大きくかけ離れている。「情報」は現実から、「捨てるべきものは捨てて、意味（秩序）を掬う」上手な解析方法を探るが、「物理」はそれを「客観的でない！」として、「ありのままの現実」にこだわる。

基礎物理学研究所から理学部に戻った京都大学在職の後期、私は2年生用の解析力学の講義を10年以上長く続けたので、解析力学的世界には深い思い入れがある。その一端は拙著『量子力学ノート』（サイエンス社）で触れた。この解析力学の状態空間（位相空間や配位空間）上のラグランジアンやハミルトニアンを用いて極大となる経路を抽出するなどの手法は、情報科学の情報空間上の評価関数を用いる議論と酷似している。

状態の変化は力学では「運動」であり、情報学では「演

算」である。この対比はファインマンの前掲書の視点でもあるが、これを極端化すると「宇宙は10^{92}ビットのメモリーをもつコンピュータだ」というロイド（Seth Lloyd）のような見方に繋がる。ここにも「運動」に対する「参加者」と「傍観者」の対比が見られると思う。天体運行や雨の落下を見る目は「傍観者」だが、誘導ミサイルや自動車の運動を見る目は「参加者」である。「車庫入れのゲージ理論」（『数理科学』サイエンス社、2000年5月号）に書いたように、力学を「参加者」の意図を実現する「メカ的」なツール——現在のロボット工学での力学の位置付けだろうが——が大事である。日本での「力学」という翻訳は、いささか存在論的ニュアンスが強すぎる。「力学は力の学でない」という視点が大事だと思っている（拙著『科学者、あたりまえを疑う』青土社、第8章）。

「あなたの未練に過ぎない！」

ファインマンは量子現象を「説明（explain）できないが、述べ伝える（tell）ことはできる」として、「パラドックスは、こうあるべきだとするあなたの実在に対する思い込みと実在の間の衝突に過ぎない（The "paradox" is only a conflict between reality and your feeling of what reality "ought to be"）」と喝破している。要するに不思議は「あなたの思い込みに過ぎない」、「あなたの未練に過ぎない！」と。では何に対する未練なのか？

「思い込み」や「未練」といったことは、本章の冒頭に述べたように自省の課題である。

終章　量子力学に学ぶ

　1963 年、京都に来ていた「コペンハーゲン」の良き伝道者たるローゼンフェルドから欧州でのように「相補性の受け入れに困難はあったか？」と問われた湯川は「ノー、……日本はアリストテレスに汚染された歴史がないから」と答えている（L. Rosenfeld, Phys. Today, Oct. 1963）。学問の惰性からくる「未練」はなかったと。

　湯川には「光や電子などのふるまいが物理法則すなわち数式で表現される方程式で規定されていることは、疑いを容れない。これは三浦梅園流にいえば"条理は天なり"ということになるのであろう。ところが、そういう数学的形式を物理学的に解釈するために、不確定性とか相補性とかいう、19 世紀までの、いわゆる古典物理学に全くなかった考え方が出てきたのである。これを"反観はすなわち人なり"と結びつけるのは、こじつけになるが、そこに多少の類縁性があるとはいえよう」（『湯川秀樹著作集』（岩波書店）第 6 巻）。我田引水でいうと、前に述べた「h あり」が「条理」、「h なし」が「反観」なのである。

量子力学は人間の特殊性を炙り出している

　このように、量子力学は我々に詰まっている諸々の惰性に対する「未練」、梅園風にいえば「習気」、を炙り出す役目をしているのである。「未練」には歴史・文化依存のものだけでなく、人間の認知・身体に依存するものもある。「参加者」としての実験精神はこうした「未練」までも炙り出すのである。この「参加者」科学観は、外的実在を軽視して勝手に内的実在を構築しているイメージにも結びつく

が、「傍観者」的でない能動的な実験精神は真理のチェック役をあくまでも外部においているのである。だからアインシュタインの思考の深さもテクノロジーが可能にした簡単な実験でひっくり返るのである。認識主体を外した「対象に従う」の「傍観者」では、自らを実験精神で審査に身を晒す姿は見えてこない。図0-3(b)のように探求のベクトルは人間から発しているのである。

科学のメタ理論

　科学の社会的意味が外から論じられることを科学業界はあまり気分良く思っていない。一つには「無知の連中に何が分かる！」という思いであり、もう一つには基礎の科学を駆動する根源は「自然という対象」にあるのだから、社会からツベコベいわれる筋合いはない、という心理が働いている。確かに後者を外した途端に根拠は「社会的ニーズ」が前面に出てきて、研究諸分野の描き方が激変する。権力の囃子方でなく音楽に独自の価値をおけばお雛さまの並べ方も変わるだろう。科学者や芸術家は坊主か職人かという問いに通ずる。たとえば、人々を精神的に支配したスマホは「坊主」だが、部品メーカーの位置にあまえる日本のものづくりは「職人」だ、というふうに。

　科学を外から見たメタ理論は大きく二つに分かれ、一つは科学を含む巨大な業界同士間の関係から見るものであり、もう一つは内部的な規範、評価、雇用などからなる自己運動体の特異性に着目するものである。ここの科学は、「信念としての科学」ではなく、「制度としての科学」、「職

業としての科学」(拙著岩波新書の書名)である。独自の職業規範を社会は認め内部的運営を業界主導に任せている。こうした社会の認証のもとに、研究資金と公教育科目の資格がある。

　もとより19世紀後半に姿を現した制度科学がなくても、科学的営みが存在することは人類の長年の歴史が示している。日本でも土木や工芸に見る高い技能の背景に自然に対する職人的知識の伝統はあったのであろうが、それがワールドビューとして語られることはなかった点が西洋との違いであった。制度科学はまだ200年ほどの新生期を生きているのだ。

科学と知識

「社会的認証」は「社会的ニーズ」との取引である。「ニーズ」は産業や医療などの直接的なものから、人々の精神生活を支えるワールドビューと子弟の公教育にもおよぶ。近年の日本では、ノーベル賞は「人々に希望を与える」というオリンピックや芸術の場でのエクスレンス(excellence)の競いと同質のものとしても語られ、そこに登場するヒーローたちは「楽しい」を追求してきた結果だという。こうした慶事は若者に挑戦の勇気を与える「国民国家のニーズ」に応えるだけでなく、国家間競争も超えた、一種の人間賛歌であるといえる。また「楽しい」は、達成感の快感という個人的、動物的なサイクルに止まるものではなく、社会に共有される「認証」や「賞賛」に裏打ちされてこそ深まるものであろう。

ただ人間賛歌は結構だが、それが科学の社会的認証の理由ではない。知識獲得において科学が独特の強みをもち、またその営みが社会の信頼性を獲得したことが、科学が過去200年に急成長した理由である。では社会にとって「なぜ知識？」なのかと問われれば、答えは二手に分かれる。一つは「知識が在るから」だといい、もう一つは行動の判断に資したいからだという。「行動」には外界や他者への働きかけもあるし、不安からの脱却もある。「山があるから登る」的な第一の態度も、それを手に入れれば行動の指針となるから同じだと折衷的にまとめることもできる。

しかしこの二つの違いを意識することは大事である。前者は外界の刺激に対する生物のプログラムされた生理的反応を思い起こさせる。しかしこれでは、他の生物と違って社会的、文化的価値の芽生えで、知識や学問の世界を発展させてきた人間という存在が登場しない。こういう言語、芸術、算術、技術、学問などの営みを15年ほど以前は「第

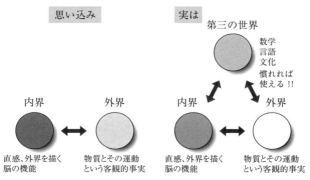

図B 「第三の世界」（『日経サイエンス』2001年2月）

三の世界」と呼んだが（図B）、今回は「文化遺産」という言葉をあてている。第一の世界は自存的な自然であり、第二の世界は人間の内的世界であるが、それに加えて社会的な存在といえる第三の世界も同様に実在と考えるべきであるというのである。そして科学もこの人類の共有財産「第三の世界」の健全な発展に責任があるのである。

　こうした論議はもちろんあれこれの哲学論議と重なり、その蒸し返しや亜流に過ぎないともいえる。本書ではこうした哲学の流れとの関連をあまり表面に出していない。哲学流派の名前を出すと、途端にレッテル貼りに頭が傾き、思考停止に陥りやすいからである。しかし社会思潮に絡む哲学は大事な課題であり、量子力学実験からする論議は必要であると思うし、別の場所で試みたいと思っている。

「科学とは？」

「第三の世界」と呼ぶか「文化遺産」と呼ぶかは別にしても、言語を始めとする人類が継承しているこうした営みの中で科学をどう位置づけるか、またその点で「量子力学解釈問題」が新たに何かを示唆しているのだろうか？　「傍観者」対「参加者」の提示から始まった本書の問題意識をそこに繋げてみたいと思う。

「科学とは？」の考察を、理念からではなく、現実を見ることから始めてみよう。するとまず気になるのは、それこそiPS細胞からストリング理論までをなぜ同じ科学と括るのかということであろう。シュレーディンガーの「生命とは何か」のように既存の分野を超えてたがいに影響し合う

データについて、相互に矛盾しないかをチェックして、必要な改変がなされていくのは当然である。その一方、こういう科学の各分野並存的な見方だけでなく、「科学」という統一的体系の完成を目指す仲間だという見方もある。だが専門分化が進む実情とは乖離しており、iPSと量子時空は陸続きだという言明が空疎に響くのも現実である。しかも、この一体性を強調すると、整然と秩序立てるメタ原理（統一論、要素還元、生命論、などなど）というイデオロギーが必要になる。研究でも、政治でも、ある種のメタ原理に基づく個人的信念が行動を駆動するのは事実だが、科学という公共的「営み」自体はこの「信念」とは区別されるべきであろう。

　むしろ科学を現実に結びつけているのは科学の手法の方であることに注目すべきである。「手法」には機器操作、データ処理、公表の作法などが含まれるが、理論的考察をこういう「手法」で行えることが玄人の資格である。そして現在の特徴は、広く科学の現状を見ると、ハイテク計測機器やコンピュータによる情報・統計処理の技法が研究現場へ凄まじい勢いで浸透していることである。これは、もちろん、「解釈問題」をも革新した半導体テクノロジーなどのハイテクの巨大な普及の一環だが、そこで登場した機器が吐き出すデータの統計的処理、統計的推論という作業が欠かせないものになっている。こうした手法は、量子力学が現実に対処する手法に通じるものがある。「科学とは？」を手法から見る視点は大切である。

終章　量子力学に学ぶ

"けなげな"開拓者

　このように内的な共通性から「科学とは？」を考えるのではなく、外部から問いかけを発すれば、必然的に「人間とは？」の問いかけに拡大することになる。この茫漠としたテーマを、科学がもたらしたワールドビューの変革の視点から見てみたい。地球中心説（＝人間中心説）からコペルニクス、ガリレオ、ニュートンと進む中で、地球中心説は捨てられ、天と地の法則は同じという自然科学の見方に変わった。これが一つの起点となって、生き物と物質、人間と他の生物、などの様々な境界が取り払われていった。こうして科学による解明が進むと、しだいに、人間は必然性のない偶然の存在に押しやられ、そこに見出される人間の姿は広大な時間と空間の中に放り出された孤独な姿になったのである。

　もう何十年も前になるが、膨張宇宙の研究などをしながら、この事実に何か寂寥感を感じたものである。そこでこみ上げてきた一つの想いが、自然は人間の権威や庇護の源泉ではないということである。「だから人間はなんの目印もない広大な平原に立った開拓者のようなものである。自然というこの広大な平原のどこに家を建て、開拓を始めるかは、平原の側から見てなんの"いわれ"もない。そこから一歩、一歩、認識の開拓を広げてきたのである。その地点は自然の側からみれば単なる偶然の地点だったかもしれないが、人間にとってはかけがえのない特別のものである」（拙著『ビッグバンの発見』 NHKブックス、1983年）。こういう自立した"けなげな"開拓者の姿を人間に見るべ

きであると考えるに至ったのである。

再び科学の見つめ直しを
　7万人も死亡したという1755年のリスボンの大地震・津波でキリスト教への疑念が多くの人々に芽生えたという。神の恩寵(おんちょう)にすがる信仰心がゆらぎ、産業革命など他の世俗化を促す要因が重なって、近代化が加速された。科学という営みが社会の前面にでてきて制度としての科学の登場に繋がるのはこういうヨーロッパの歴史の中においてであった。

　神や自然といった絶対者を人間の外に設定してそれに従うというメンタリティからの脱却であるが、こうして人々の精神世界を塗り替えていった先に目指すべき新たな理想が必要となった。それは民主主義だと私は考えており拙著『科学と人間』（青土社）でも論じた。この課題自体は本書の主題ではないが、私の中での結びつきを一言加えて終わりにする。

　現在、人間を含む自然に関する知識を科学は専一的に支配し、それが人々の生活に影響を与えるために、社会に様々な局面で軋轢(あつれき)も生じている。「無知の連中に何が分かる！」も現実であるが、このギャップは民主主義の展開にとっての一つの課題である。「自然という実在に従う」という拠り所を外した途端、「知識」探しは浮遊を始めるだろうが、このなかで科学という知識探しの公共性が改めて問われてくるのであろう。

　制度科学の成長期には「旧世界」を革新する批判精神が

そこに漲(みなぎ)っていたから、それが内部の健全性を保っていた。しかし制度科学は巨大な成熟業界となって久しく、開かれた精神で自分自身を見つめ直す作業は弱まっている。この現代的危機感をもとに、第1章で述べた「思想としての科学」のように、科学が人間の営みの中で何をしているのかという科学のメタ理論を問い直す必要がある。本書で紹介した量子力学の実験が明らかにしたような「傍観者」から「参加者」へという視点が広まることが大事であると考えている。

あとがき

「これが量子力学の核心か？」と訝しく思う専門家がいるかもしれないが、理工的に見た本書の特色は第3章で近年の量子力学実験を解説したことであり、他の大部分は、人々が物理学に描くイメージと量子力学の齟齬をめぐる語りである。このために、近年のこれら「実験」に理解を深めることは不可欠なのである。60年前に量子力学を学んだ「朝永本」や「シッフ本」や「ボーム本」、40年前の「サクライ本」ともずい分違った印象をあたえる。これらは皆、あるイメージのもとで、書かれている。その視点でいうと、現代ではどんな入門書がいいのか？ 自分で試みたのが次の教科書である。

『量子力学ノート―数理と量子技術― SGCライブラリ102』サイエンス社

本書でも随所で述べたが、「科学のメタ理論」からする量子力学談義もいくつか上梓している。

『量子力学のイデオロギー』青土社

『量子力学は世界を記述できるか』青土社

『科学と人間』第3章　青土社

また自分にとってのこの課題への興味はアインシュタイン論でもあり、

『孤独になったアインシュタイン』第1部　岩波書店

『アインシュタインの反乱と量子コンピュータ』京都大学学術出版会

佐藤、井元信之、尾関 章『量子の新時代』朝日新書

などで、その時代背景などを論じた。

本書は量子力学を「科学とは？」という問いかけの俎上（そじょう）に載せて議論したものであるといえる。もちろん、科学は人類の大きなミッションに寄与する価値ある集団的営みであり、制度科学はこの生きた「文化遺産」の展開を担う一大エンタープライズである。また、どの専門職能集団でも活気を保持するには独特の精神性（カルチャー）も必要だが、それを社会全体に被（かぶ）せるべきものでもない。この「精神性」については拙著『職業としての科学』（岩波新書）で、また社会と科学に関しては「四つの科学」という見方を提示している（拙著『科学と人間』、青土社）。

いま世間では、「トランプ現象」に掻き回されて、ポスト真実、反事実、多事実、といった新概念が登場している。この「事実」をめぐる混乱は、むしろ「事実」と「事実」を繋ぐ言説の混乱にあり、言説の訴求力が問題なのである。何千年も世を治めた宗教や神学の言説に代わり、科学の言説が表に出て300年あまりである。その科学の事実は傍観者の事実ではなく、参加者の事実であるというのが実験哲学であった。「科学とは？」は、ここに戻って考えてみるのが大事であろうとの念を一層深くするのである。

最後に、本書の刊行にお世話頂いた講談社の小澤久さん、篠木和久さん、家中信幸さんに感謝します。

2017年8月
つつがなく存（ながら）えている日々に感謝して

佐藤文隆

さくいん

【数字・アルファベット】

2量子状態 ─── 87
BS ─── 109
EPR実験 ─── 136
EPR論文 ─── 51, 58, 146
GHZ ─── 142
GRW ─── 160
h ─── 46, 157
HOM実験 ─── 124
IGUS ─── 169
KYKS実験 ─── 118
LIGO ─── 32
MZ干渉計 ─── 109
NOA ─── 149
PS ─── 109
QBism ─── 164
qビット ─── 93
SPDC ─── 123
S行列 ─── 180
ZWM実験 ─── 130

【あ行】

アインシュタイン
　── 19, 32, 70, 106, 137, 154, 192
アインシュタイン・ローゼン橋 ─── 52, 180
アスペ ─── 59, 141
アロシュ ─── 63, 97
アンサンブル理論 ─── 162
一般相対論 ─── 32, 45, 176
インフレーション宇宙論
　─── 161
ウィグナー ─── 178
ウィッテン ─── 185
ウィルソン ─── 62
ウータース ─── 182
宇宙背景放射 ─── 62, 196
ウンルー ─── 181
エヴェレット ─── 160
エルゴード問題 ─── 170
エンタングル ─── 96
エントロピー ─── 39, 158, 181

遅れた選択実験 ——— 112
オッペンハイマー ——— 177
オペレータ ——— 78, 143
オルソ状態 ——— 97

【か行】

解釈問題 ——— 153
角運動量オペレータ ——— 87
確率 ——— 36, 79, 147, 156
隠れた変数 ——— 57, 137
重ね合わせ ——— 72
カスケード光子 ——— 116
ガリレオ ——— 24
干渉効果 ——— 72, 106, 170
監視用光子 ——— 114
干渉縞 ——— 72, 106
観測 ——— 19, 78
期待値 ——— 79, 138
キャビティーQED ——— 97
共役ベクトル ——— 74
行列表示 ——— 100
行列力学 ——— 47
クォーク ——— 43
区画判定 ——— 78
クラウザー ——— 59
クラマース ——— 47
グリーンバーガー ——— 142

クリック ——— 53
経路積分 ——— 175
ケットベクトル ——— 76
ゲルマン ——— 169
光量子 ——— 32
五感人間 ——— 23, 144
コッヘン―シュッペッカーの
　定理 ——— 143
古典力学 ——— 66
小林稔 ——— 178
コペンハーゲン解釈 ——— 49, 163

【さ行】

ザイリンガー ——— 63, 142
作用量子 ——— 19
参加者 ——— 17
参加者実在論 ——— 155
三層構造 ——— 22
シアマ ——— 177
自然存在観 ——— 149
修正二重スリット思考実験
　——— 114
シューマッハ ——— 182
重力波 ——— 32
シュテルン・ゲルラハ効果
　——— 90
シュレーディンガー ——— 28

シュレーディンガーの猫
　——— 52, 96
シュレーディンガー方程式
　——— 69, 80
準位 ——— 47
ショアのアルゴリズム ——— 196
状態ベクトル ——— 74
ズーレック ——— 171
スピッツアー ——— 176
スピン ——— 86
スマイス ——— 175
スレーター ——— 47
整合歴史 ——— 162, 168
絶対慣性系批判 ——— 45
ゼルドヴィッチ ——— 177
前期量子論 ——— 33
線形偏光 ——— 98
相補性原理 ——— 49
ソーン ——— 181
素朴実在論 ——— 21, 149
素粒子 ——— 66
ソルベイ会議 ——— 49, 178

【た行】

第三の世界 ——— 26, 204
対処論 ——— 29, 150
多世界解釈 ——— 160

チャンドラセカール ——— 177
ディラック ——— 33, 50
テーテルボイム ——— 185
デコヒーレンス ——— 170
ドイチェ ——— 182
同期イベント ——— 116
動機的実在論 ——— 149
特殊相対論 ——— 40
ド・ブロイ ——— 47, 70

【な行】

内積 ——— 74
二重スリット実験 ——— 72, 106
二重性 ——— 70
二重らせん ——— 53
熱力学第二法則 ——— 39
ノイマン ——— 51, 175

【は行】

場 ——— 66
ハートル ——— 169, 177
ハイゼンベルグ ——— 19, 50
パウリ行列 ——— 89
パウリ排他律 ——— 97
バカげた作用 ——— 35
波動 ——— 70

| 波動関数 —— 46, 71
| 波動力学 —— 47
| パラ状態 —— 97
| ビームスプリッター —— 109
| ヒルベルト空間 —— 51, 75
| ファインマン —— 56
| ファインマン・ダイアグラム —— 180
| ファン・ニューヴェンハウンゼン —— 185
| フェルミ・ディラック統計 —— 97
| 不確定性原理 —— 19, 49
| 双子のパラドックス —— 41
| 物理量 —— 78
| ブラックホール —— 175
| ブラベクトル —— 76
| プランク —— 19, 28, 44
| プリゴジン —— 171
| 文化遺産 —— 149, 205
| 文化人間 —— 23
| 平均値 —— 79
| ベッケンシュタイン —— 181
| ベル —— 57
| ベルの不等式 —— 57, 138
| ペレス —— 182
| 偏光 —— 98
| ペンジアス —— 62

ホイラー —— 16, 174
傍観者 —— 18
ボーア —— 19
ボーア・アインシュタイン論争 —— 49
ホーキング —— 186
ボーズ・アインシュタイン統計 —— 97
ボーム —— 160
ホーン —— 142
ポドルスキー —— 51
ボルツマン —— 37
ボルン —— 47

【ま行】

マイケルソン・モーレー干渉計 —— 32
マクロ —— 19
マッハ —— 37
マッハ・ツェンダー干渉計 —— 109
ミクロ —— 19
無人物理 —— 22
メタ理論 —— 29

【や行】

- ヤング ―― 72
- 有人物理 ―― 22
- 誘導放出 ―― 32
- 湯川秀樹 ―― 178
- ユニタリー変換 ―― 80
- ヨルダン ―― 47

【ら行】

- 粒子 ―― 66
- 量子エンタングル ―― 96
- 量子絡み ―― 96
- 量子消しゴム ―― 127
- 量子テレポテーション ―― 59
- 量子もつれ ―― 96
- 履歴 ―― 114
- ルッフィーニ ―― 178
- レーザー干渉計 ―― 32
- レッジェ ―― 176
- レプトン ―― 43
- ロイド ―― 200
- ローゼン ―― 52

【わ行】

- ワームホール ―― 180
- ワインバーグ ―― 185
- ワインランド ―― 63
- ワトソン ―― 53

N.D.C.421.3　216p　18cm

ブルーバックス　B-2032

佐藤文隆先生の量子論
干渉実験・量子もつれ・解釈問題

2017年9月20日　第1刷発行
2023年1月20日　第4刷発行

著者	佐藤文隆	
発行者	鈴木章一	
発行所	株式会社講談社	
	〒112-8001　東京都文京区音羽2-12-21	
電話	出版	03-5395-3524
	販売	03-5395-4415
	業務	03-5395-3615
印刷所	(本文印刷) 株式会社KPSプロダクツ	
	(カバー表紙印刷) 信毎書籍印刷株式会社	
本文データ制作	株式会社さくら工芸社	
製本所	株式会社国宝社	

定価はカバーに表示してあります。
©佐藤文隆　2017, Printed in Japan
落丁本・乱丁本は購入書店名を明記のうえ、小社業務宛にお送りください。送料小社負担にてお取替えします。なお、この本についてのお問い合わせは、ブルーバックス宛にお願いいたします。
本書のコピー、スキャン、デジタル化等の無断複製は著作権法上での例外を除き禁じられています。本書を代行業者等の第三者に依頼してスキャンやデジタル化することはたとえ個人や家庭内の利用でも著作権法違反です。
R〈日本複製権センター委託出版物〉複写を希望される場合は、日本複製権センター（電話03-6809-1281）にご連絡ください。

ISBN978-4-06-502032-6

発刊のことば

科学をあなたのポケットに

二十世紀最大の特色は、それが科学時代であるということです。科学は日に日に進歩を続け、止まるところを知りません。ひと昔前の夢物語もどんどん現実化しており、今やわれわれの生活のすべてが、科学によってゆり動かされているといっても過言ではないでしょう。

そのような背景を考えれば、学者や学生はもちろん、産業人も、セールスマンも、ジャーナリストも、家庭の主婦も、みんなが科学を知らなければ、時代の流れに逆らうことになるでしょう。ブルーバックス発刊の意義と必然性はそこにあります。このシリーズは、読む人に科学的に物を考える習慣と、科学的に物を見る目を養っていただくことを最大の目標にしています。そのためには、単に原理や法則の解説に終始するのではなくて、政治や経済など、社会科学や人文科学にも関連させて、広い視野から問題を追究していきます。科学はむずかしいという先入観を改める表現と構成、それも類書にないブルーバックスの特色であると信じます。

一九六三年九月

野間省一

ブルーバックス　物理学関係書（III）

- 2061　科学者はなぜ神を信じるのか　三田一郎
- 2078　独楽の科学　山崎詩郎
- 2087　「超」入門　相対性理論　福江純
- 2090　はじめての量子化学　平山令明
- 2091　いやでも物理が面白くなる　志村史夫
- 2096　2つの粒子で世界がわかる　新版　森弘之
- 2100　プリンシピア　自然哲学の数学的原理　第I編　物体の運動　アイザック・ニュートン　中野猿人=訳・注
- 2101　プリンシピア　自然哲学の数学的原理　第II編　抵抗を及ぼす媒質内での物体の運動　アイザック・ニュートン　中野猿人=訳・注
- 2102　プリンシピア　自然哲学の数学的原理　第III編　世界体系　アイザック・ニュートン　中野猿人=訳・注
- 2115　「ファインマン物理学」を読む　量子力学と相対性理論を中心として　普及版　竹内薫
- 2124　時間はどこから来て、なぜ流れるのか？　吉田伸夫
- 2129　「ファインマン物理学」を読む　電磁気学を中心として　普及版　竹内薫
- 2130　「ファインマン物理学」を読む　力学と熱力学を中心として　普及版　竹内薫
- 2139　量子とはなんだろう　松浦壮
- 2143　時間は逆戻りするのか　高水裕一
- 2162　ゼロから学ぶ量子力学　竹内薫
- 2169　宇宙を支配する「定数」　臼田孝
- 2183　思考実験　科学が生まれるとき　榛葉豊
- 2193　早すぎた男　南部陽一郎物語　中嶋彰
- 2194　「宇宙」が見えた　アインシュタイン方程式を読んだら　深川峻太郎
- 2196　トポロジカル物質とは何か　長谷川修司

ブルーバックス　物理学関係書 (II)

- 1701 光と色彩の科学　齋藤勝裕
- 1705 量子もつれとは何か　古澤明
- 1712 「余剰次元」と逆二乗則の破れ　村田次郎
- 1715 傑作！物理パズル50　ポール・G・ヒューイット『編訳』　松森靖夫『編訳』
- 1716 ゼロからわかるブラックホール　大須賀健
- 1720 宇宙は本当にひとつなのか　村山斉
- 1728 物理数学の直観的方法（普及版）　長沼伸一郎
- 1731 現代素粒子物語　《高エネルギー加速器研究機構》中嶋彰／KEK協力
- 1738 オリンピックに勝つ物理学　望月修
- 1776 宇宙になぜ我々が存在するのか　村山斉
- 1780 高校数学でわかる相対性理論　竹内淳
- 1799 大人のための高校物理復習帳　桑子研
- 1803 大栗先生の超弦理論入門　大栗博司
- 1815 真空のからくり　山田克哉
- 1827 発展コラム式 中学理科の教科書 改訂版 物理・化学編　滝川洋二『編』
- 1836 高校数学でわかる流体力学　竹内淳
- 1860 アンテナの仕組み　小暮裕明・小暮芳江
- 1871 エントロピーをめぐる冒険　鈴木炎
- 1894 あっと驚く科学の数字 数から科学を読む研究会
- 1905 マンガ おはなし物理学史　佐々木ケン『漫画』小山慶太『原作』
- 1912 （空欄）

- 1924 謎解き・津波と波浪の物理　保坂直紀
- 1930 光と重力 ニュートンとアインシュタインが考えたこと　小山慶太
- 1932 天野先生の「青色LEDの世界」　天野浩／福田大展
- 1937 輪廻する宇宙　横山順一
- 1940 すごいぞ！身のまわりの表面科学　日本表面科学会
- 1960 超対称性理論とは何か　小林富雄
- 1961 曲線の秘密　松下泰雄
- 1970 高校数学でわかる光とレンズ　竹内淳
- 1981 宇宙は「もつれ」でできている　ルイーザ・ギルダー　山田克哉『監訳』窪田恭子『訳』
- 1982 光と電磁気 ファラデーとマクスウェルが考えたこと　小山慶太
- 1983 重力波とはなにか　安東正樹
- 1986 ひとりで学べる電磁気学　中山正敏
- 2019 時空のからくり　山田克哉
- 2027 重力波で見える宇宙のはじまり　ピエール・ビネトリュイ　安東正樹『監訳』岡田好恵『訳』
- 2031 時間とはなんだろう　松浦壮
- 2032 佐藤文隆先生の量子論　佐藤文隆
- 2040 ペンローズのねじれた四次元　増補新版　竹内薫
- 2048 $E=mc^2$のからくり　山田克哉
- 2056 新しい1キログラムの測り方　臼田孝

ブルーバックス　物理学関係書 (I)

No.	タイトル	著者
79	相対性理論の世界	J・A・コールマン 中村誠太郎"訳
563	電磁波とはなにか	後藤尚久
584	10歳からの相対性理論	都筑卓司
733	紙ヒコーキで知る飛行の原理	小林昭夫
911	電気とはなにか	室岡義広
1012	量子力学が語る世界像	和田純夫
1084	図解 わかる電子回路	見城尚志/髙橋久
1128	原子爆弾	山田克哉
1150	音のなんでも小事典	日本音響学会"編
1174	消えた反物質	小林誠
1205	クォーク 第2版	南部陽一郎
1251	心は量子で語れるか	ロジャー・ペンローズ/A・シモニー/N・カートライト/S・ホーキング 中村和幸"訳
1259	光と電気のからくり	山田克哉
1310	「場」とはなんだろう	竹内薫
1380	四次元の世界 (新装版)	都筑卓司
1383	高校数学でわかるマクスウェル方程式	竹内淳
1384	マクスウェルの悪魔 (新装版)	都筑卓司
1385	不確定性原理 (新装版)	都筑卓司
1390	熱とはなんだろう	竹内薫
1391	ミトコンドリア・ミステリー	林純一
1394	ニュートリノ天体物理学入門	小柴昌俊
1415	量子力学のからくり	山田克哉
1444	超ひも理論とはなにか	竹内薫
1452	流れのふしぎ	石綿良三/日本機械学会"編 根本光正"著
1469	量子コンピュータ	竹内繁樹
1470	高校数学でわかるシュレディンガー方程式	竹内淳
1483	新しい物性物理	伊達宗行
1487	ホーキング 虚時間の宇宙	竹内薫
1509	新しい高校物理の教科書	山本明利/左巻健男"編著
1569	電磁気学のABC (新装版)	福島肇
1583	熱力学で理解する化学反応のしくみ	平山令明
1591	発展コラム式 中学理科の教科書 第1分野 (物理・化学)	滝川洋二"編
1605	マンガ 物理に強くなる	関口知彦"原作 鈴木みそ"漫画
1620	高校数学でわかるボルツマンの原理	竹内淳
1638	プリンキピアを読む	和田純夫
1642	新・物理学事典	大槻義彦/大場一郎"編
1648	量子テレポーテーション	古澤明
1657	高校数学でわかるフーリエ変換	竹内淳
1675	量子重力理論とはなにか	竹内薫
1697	インフレーション宇宙論	佐藤勝彦

ブルーバックス　宇宙・天文関係書

1394	ニュートリノ天体物理学入門	小柴昌俊
1487	ホーキング 虚時間の宇宙	竹内薫
1592	発展コラム式 中学理科の教科書 第2分野(生物・地球・宇宙)	石渡正志 編
1697	インフレーション宇宙論	佐藤勝彦
1728	ゼロからわかるブラックホール	大須賀健
1731	宇宙は本当にひとつなのか	村山斉
1762	完全図解　宇宙手帳（宇宙航空研究開発機構"協力）	渡辺勝巳／JAXA
1799	宇宙になぜ我々が存在するのか	村山斉
1806	新・天文学事典	谷口義明 監修
1861	発展コラム式 中学理科の教科書 生物・地球・宇宙編 改訂版	石渡正志 滝川洋二 編
1887	小惑星探査機「はやぶさ2」の大挑戦	山根一眞
1905	あっと驚く科学の数字　数から科学を読む研究会	
1937	へんな星たち	松下泰雄
1961	曲線の秘密	鳴沢真也
1971	輪廻する宇宙	横山順一
1981	宇宙は「もつれ」でできている	ルイーザ・ギルダー／山田克哉 監修／窪田恭子 訳
2006	宇宙に「終わり」はあるのか	吉田伸夫
2011	巨大ブラックホールの謎	本間希樹
2027	重力波で見える宇宙のはじまり	ピエール・ビネトリュイ／安東正樹 監修／岡田好恵 訳
2066	宇宙の「果て」になにがあるのか	戸谷友則
2084	不自然な宇宙	須藤靖
2124	時間はどこから来て、なぜ流れるのか？	吉田伸夫
2128	地球は特別な惑星か？	成田憲保
2140	宇宙の始まりに何が起きたのか	杉山直
2150	連星からみた宇宙	鳴沢真也
2155	見えない宇宙の正体	鈴木洋一郎
2167	三体問題	浅田秀樹
2175	爆発する宇宙	戸谷友則
2176	宇宙人と出会う前に読む本	高水裕一
2187	マルチメッセンジャー天文学が捉えた新しい宇宙の姿	田中雅臣

ブルーバックス　事典・辞典・図鑑関係書

- 325　現代数学小事典　寺阪英孝 編
- 569　毒物雑学事典　大木幸介
- 1084　図解　わかる電子回路　加藤 肇/見城尚志/高橋尚久
- 1150　音のなんでも小事典　日本音響学会 編
- 1188　金属なんでも小事典　増本 健 監修 ウォーク 編著
- 1439　味のなんでも小事典　日本味と匂学会 編
- 1484　単位171の新知識　星田直彦
- 1614　料理のなんでも小事典　日本調理科学会 編
- 1624　コンクリートなんでも小事典　土木学会関西支部 編　井上 晋 他
- 1642　新・物理学事典　大槻義彦/大場一郎 編
- 1653　理系のための英語「キー構文」46　原田豊太郎
- 1660　図解　電車のメカニズム　宮本昌幸 編著
- 1676　図解　橋の科学　土木学会関西支部 編　渡邊英一 他
- 1761　声のなんでも小事典　日本音響学会 編　米山文明/和田美代子 監修
- 1762　図解　宇宙手帳　〈宇宙航空研究開発機構〉JAXA 協力　渡辺勝巳 編著
- 2028　完全図解　元素118の新知識　桜井 弘 編
- 2161　なっとくする数学記号　黒木哲徳
- 2178　数式図鑑　横山明日希

ブルーバックス発の新サイトがオープンしました！

- 書き下ろしの科学読み物
- 編集部発のニュース
- 動画やサンプルプログラムなどの特別付録

ブルーバックスに関する
あらゆる情報の発信基地です。
ぜひ定期的にご覧ください。

ブルーバックス　　　検索

http://bluebacks.kodansha.co.jp/